ルンガ沖夜戦〈新装版〉

半藤一利

PHP文庫

○本表紙図柄＝ロゼッタ・ストーン（大英博物館蔵）
○本表紙デザイン＋紋章＝上田晃郷

まえがき

ルンガ沖夜戦（米国名 The Battle of Tassafaronga）は、わずか十六分間で勝敗の決した戦闘である。しかも、太平洋戦争を通じて日本海軍が完勝した最後の海戦になった。短い時間に、艦の大きさ、その数、決戦前の態勢などはるかに劣勢であった日本の水雷戦隊が、圧倒的なアメリカ重巡洋艦隊を完全に打破し、九回裏の満塁ホームランにたとえてもいい逆転劇を演じたのである。本書はこの海戦と、それに参加した八隻の駆逐艦の生涯を描こうと試みたものである。

壮快、我慢強さ、颯爽（さっそう）、豪気、スマートさ、猛烈、さわやか、軽快さ、根性といういわゆる〝男らしさ（マンリー・ナイス）〟をいいあらわす形容詞が、この本にはちりばめられている。しかし、太平洋戦争での日本の駆逐艦の活躍を表現するのに数多くの形容詞をいくつ重ねてみたところで、むしろ徒労の努力ではないかと思われる。なぜなら、そんな饒舌（じょうぜつ）よりもただ一つの言葉で駆逐艦のすべてはつきるからである——悲惨。

これまでのほとんどの戦史や戦記が、大和（やまと）、武蔵（むさし）あるいは空母や重巡などの大艦に多くの視点を向け、休むことなくいちばん苦闘した駆逐艦を捨てている。それではあまりにも不公平というものであろう。

本書を、戦いぬいた全駆逐艦乗りに捧げたい。

ルンガ沖夜戦〈新装版〉 目次

本文写真提供　H・P・S

ルンガ沖夜戦〈新装版〉

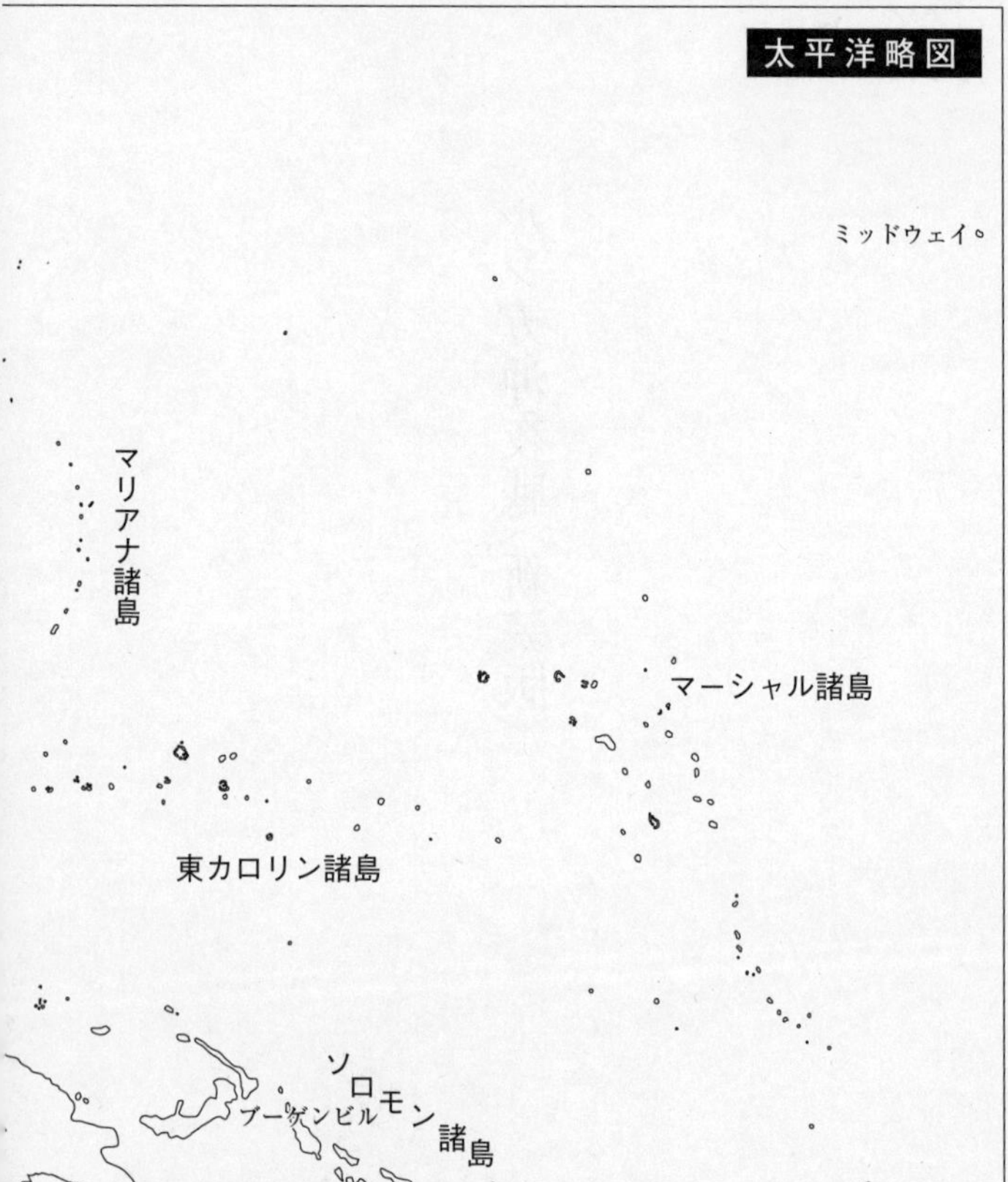

太平洋略図

ミッドウェイ

マリアナ諸島

マーシャル諸島

東カロリン諸島

ソロモン諸島

ブーゲンビル

マライタ

ガダルカナル

珊瑚海

中華民国
東シナ海
日本
南西諸島
沖縄
小笠原諸島
台湾
仏領インドシナ
南シナ海
フィリピン
レイテ
ミンダナオ
西カロリン諸島
マレー
セレベス海
ボルネオ
スマトラ
バンダ海
ニューギニア
ジャワ
オーストラリア

プレリュード

駆逐艦とガダルカナル争奪戦

A

　ガダルカナル島まで、あと十三時間足らずの海域に達した。船団には、この時間が無限の長さをもつように感じられる。ガ島ヘンダーソン飛行場を基地とするアメリカ海空軍の攻撃は、予想どおり魔の一五〇浬（カイリ）（海上用の里程。一浬は一八五二メートル）圏に入った直後、正確に午前一一時五〇分からはじめられた。雷撃機七機、急降下爆撃機十八機が足の遅い日本の輸送船団に容赦なく襲いかかった。護衛する第二艦隊第二水雷戦隊の十一隻の駆逐艦が必死に防戦の火幕を張ったが、白昼、きれいに晴れ上がった大洋の真ん中、抵抗の武器もなく、動きもままならぬ鈍足の貨物船とあっては、敵機の跳梁（ちょうりょう）に身をまかせるほかはなかった。

　一隻、二隻と噴煙を上げて隊列から落伍する船を見捨てて、船団はひたすら前進する。一時間後、さらに急降下爆撃機十六機が攻撃を加えてくる。とめどなく攻撃はつづいた。B-17十五機が一五トンにも及ぶ爆弾の雨を降らしてきたのは一四時三〇分であり、一五時すぎには南方はるか洋上にあった空母エンタープライズも、獲物の分け前にあずかるべく割り込んできた。艦爆八機、艦上戦闘機十二機。弱りきった船団からは、紅蓮(ぐれん)の炎を吐き上げ、停止する船がさらに数をました。

目的地であるガダルカナル島まであと六〇浬の海域に達したとき、日本の輸送船団は仮借ない米軍機の猛攻の前についに壊滅した。このころになって、やっと船団上空に友軍の戦闘機隊が援護のため飛来してきたが、優秀な敵戦闘機群に妨げられ、つぎからつぎへと、敵機の船団突入を許さねばならなかった。この突入に真っ向から立ちはだかって防御の弾幕を張るのが、援護する駆逐艦の主任務である。四列にならんだ十一隻の輸送船を空からの攻撃から護りぬこうと、ぐるりと周囲をかこみ強固なスクラムを組んでいたが、十一隻の、対空火器の貧弱な駆逐艦ではあまりにも不足である。もともと駆逐艦は航空機と戦うようにはつくられていない。ほとんど航空攻撃に対して無力といっていい。しかもその有力な武器ともいうべきスピードを十分に生かせればよいが、船団は一一ノットの低速であった。

昭和十七年十一月十四日は、こうして第二水雷戦隊の各駆逐艦乗組員には、到底忘れることのできない惨劇の一日となった。虎の子の商船である信濃川(しなのがわ)丸、ありぞな丸、那古（なこ）丸、きゃんべら丸、長良（ながら）丸、ぶりすべーん丸はつぎつぎに、それこそあっという間もなく猛火に包まれ海中に没していった。〝水道（スロット）〟と呼ばれる中央航路の、瀬戸内を偲（しの）ばせる風光のなかに駆逐艦はとり残される。さらに、佐渡（さど）丸は大破、海上に漂流してしまう。

　しかも、被害がいかにひどかろうが、船団は進撃をやめなかった。僚船がやられれば、それをおきざりにして、十一隻の駆逐艦群は生き残った船を包みこんで、憑（つ）かれたようにガダルカナル島へと急ぐ。猛火で動けなくなった輸送船には駆逐艦が交代でかけつけ横づけして、沈没までの須臾（しゅゆ）の間に船員と陸兵を収容した。あるいは内火艇やカッターを降ろし海中から拾い上げる。その数それぞれ六百名から一千名。乗組員二百五十名足らずの艦に、その数倍の武器なき陸兵を積み込み、収容を終わると駆逐艦は無念の航路をさらに突き進む。

　この日の、昼から日没まで空からの攻撃は九回、百五十機におよんだ。十一隻の輸送船もいまはたったの四隻にまで減じている。これを護る駆逐艦も、あるいは敵弾回避のため、あるいは陸兵収容、海中から生存者救助のため忙しく走り回り、広い海面に散ってしまっている。旗艦から信号が各艦にとんだ――アツマレ、アツマレ。

　その日が暮れると間もなく、船団は再びがっちりと航行序列に組み直した。護衛の駆逐艦はさすがにベテランらしく、一隻の損傷もなかったが、どれも身動きもならぬほどに収容した陸兵でうまっている。この状態で、深夜、ガ島周辺でもし有力な敵艦隊と遭遇するようなことがあったならば、果たして満足な戦闘ができるのだろうか。しかし、恐れずにたゆまずに船団は一直線に南の海を蹴って突き進む。〝不屈〟の闘魂そのままの航進である。ガダルカナル島の一つの飛行場をめぐる日米両軍の争奪戦は、いまや、クライマックスにさしかかった。この船団がガ島に無事着くか着かぬかに、陸海軍の、太平洋戦争の、大きくいえば日本の命運が賭けられていた……。

なぜだろうか？

B

答えを得るために、振り返って考えてみよう、ガダルカナルの戦いとはなんであったかと。

昭和十六年に太平洋戦争がはじまってからほぼ半歳で、第一段作戦は順調に進み、日本軍は豊富な南方資源を手中にした。このとき日本の戦争目的は半ば達せられたも同然であり、あとは、いかにしてこの地域を守りぬくか、いかにして資源を活用し不敗の態勢をしくかの問題が残されるだけとなった。しかし、この解決こそが実は最大の難関であったのである。あくまで守勢をとるか、あるいは積極的攻勢による防御を主とするか。大本営とくに海軍が考えたのは、積極的な艦隊決戦主義による攻勢防御であり、防壁を大きく拡げ、中部太平洋のフィジー諸島、ニューカレドニア諸島、ニューギニアのポートモレスビー、さらにソロモン諸島のガダルカナル島まで兵を進め、アメリカと濠州（オーストラリア）の連絡路線を断ちきることにより、将来において反攻の基地となりそうな濠州をば無力化しようという遠大なものであった。陸軍もやむなくこれに和したが、陸海の妥協によってつくり上げられた米濠遮断作戦は、初めから踏んぎりの悪いものとなった。

しかも、この海軍の積極的攻勢による第二段作戦も、珊瑚海海戦（五月四日〜七日）とミッドウェイ海戦（六月四日〜七日）で、日本軍は出鼻を挫かれ、直接ポートモレスビーへの上陸と中部太平洋への進出は思いとどまらざるを得なくなる。これは大いなる誤算となった。残されたのはソロモン諸島のガダルカナル島である。日本海軍はここに航空基地をつくろうとして、すでに設営隊を送り込んでいた。

ガ島に日本軍の前哨基地が建設されることは、アメリカ—濠州の連絡路が横合いから突かれることであり、アメリカ軍にとっては、反攻の踏み台を奪われることになる。猶予をおくわけにはいかない。情勢は極度に緊迫した。指揮を太平洋艦隊司令長官ニミッツ大将がじきじきにとり、真珠湾で潰滅したあとのなけなしの水上部隊をかり集め、あらゆる兵力を結集した大規模な反攻作戦を強行した。

米海兵師団が機動部隊支援のもとにツラギおよびガダルカナル奪回のため奇襲上陸したのは、昭和十七年八月七日のことである。ここに太平洋戦争は新しい転機を迎えることになった。すなわちガ島争奪の一大消耗戦である。

日本の大本営は、米軍の進攻意図がそれほど大がかりなものとは思ってもみなかったが、見敵必殺の精神にのっとり、現地ラバウルにいた第八艦隊が出動、ただちに反撃に出た。敵情はほとんどわかっていなかったが、タイミングがよかった。ガダルカナルの海に突っ込んで、八月八日～九日と戦われた第一次ソロモン海戦で、日本海軍の重巡戦隊（三川軍一中将指揮）は一方的な勝利を得た。同時にトラック島よりラバウルに進出した基地航空部隊（第一一航空艦隊）も、全力をあげてガ島周辺の米艦艇や輸送船団を急襲した。

カウンター・パンチは見事に決まったが、大本営と現地部隊の情況判断の根本は甘かった。アメリカ軍のガ島進出を本格上陸作戦とは見ずに、偵察上陸であろうぐらいに考えていた。しかし飛行場を自由に使わせてしまっては、今後の作戦に支障をきたす。やむなく、飛行場奪還のため、現地陸軍部隊（第一七軍＝ポートモレスビー攻略作戦に集中）は、一部任務外の兵力を、身を切られる思いで抽出し、ガダルカナル島へ派遣することに決した。一木支隊、川口支隊がこれであった。

この一木・川口両支隊輸送にからんで八月二十四日～二十五日にかけて起こったのが、第二次ソロモン海戦である。南雲忠一中将の率いる支援機動部隊と、これを阻止しようと南下してきたアメリカの機動部隊が戦った。ガ島をめぐる日米両軍の争奪戦はいよいよ激化してきた。この間にも日本海軍は一木支隊、川口支隊をぞくぞくガ島に送り込み、飛行場奪回の総攻撃が九月中旬に予定された。

しかし、地の利はガ島の飛行場をいち早く奪取、航空兵力を進出させたアメリカ軍にあった。ガ島は全島がジャングルでおおわれ、平坦地は飛行場のある北中部海岸だけである。奪回をはかるには、むしろ正攻法の正面上陸作戦が効果的で、側面からの攻撃は地形的にいって分散を招きやすく、守るに易い陣地であった。さらに国力（軍需生産力）の差が、同等に見える損害の裏に、日本軍にはおもむろにではあるが大きなマイナスとなって響きはじめる。ガ島は東京と真珠湾からほぼ同距離の二八〇〇マイルであるが、日本陸海軍を苦しめたのは乏しい戦力と同時に補給力である。アメリカ軍と対等のスピードで兵力や武器弾薬、糧食を増援することは、日本にはできないことであった。

しかも第二次ソロモン海戦前後から、制空権は飛行場を確保するアメリカ軍に奪われた。太平洋戦争において制空権のないところ制海権はなかった。敵機の行動不如意な夜を唯一の頼みとして、しばしばなぐり込み戦闘が敢行され、苦心のすえに獲得した制海権も、夜が明けると同時に、制空権をもつアメリカ軍に無条件でゆずらねばならなかった。

こうして日本軍は次第に追いつめられてきた。不利な状勢において、断然優勢な敵と対抗し得るものは不断の猛訓練の蓄積と、旺盛なる勇猛心、義務に対する忠誠心であるのは確かである。しかし、それだけで、果たして十分であったろうか。

制空権を奪われ、足の遅い輸送船は使えないとなると、それからの日本軍は、陸兵の輸送を快速の駆逐艦に頼るほかはなくなった。駆逐艦がつぎつぎに動員された。それはラバウルから中継点のブーゲンビル島ショートランド泊地へ送られてくる兵員や補給品を、月のない真っ暗闇の夜陰に乗じて三〇〇浬（直線距離、東京―名古屋間）先のガダルカナル島に揚陸する任務である。駆逐艦が平均二〇～二四ノットで突っ走っても往復には一昼夜以上かかり、いつ敵機、敵艦に攻撃されるかわからなかった。ガ島から敵の小型機が出てくる限度は敵機の航続距離からみて一五〇浬、その圏内に入ればいつでも空からの攻撃を受ける。これはいかにしても防ぎようがない。その現実から、この一五〇浬圏を夜間行動することが当然のこととして考えられた。一五〇浬を三〇ノットでゆけば五時間。一五〇浬圏に入るところをうまく飛行機の飛べない日没時にして、月のない暗夜を三〇ノットで走れば二三時半前後にガ島に着き、揚陸に一時間、すぐ引き返せば五時間後のほぼ日出時までには一五〇浬圏から脱出できる。これが基本公式となる。そして、この公式にのっとって三つの航路が定められた。敵の眼をくらました北方航路と南方航路、それに島々の間の水道を一路直行する中央航路。

駆逐艦群はラバウルより三〇〇浬のショートランド湾内に、昼間はタクシーの駐車のように集まって、夜になるといっせいに錨（いかり）を揚げた。昼間の待機のときにも敵大型爆撃機は毎日のように偵察と爆撃にくる。将兵はこれを「定期便」といいならし、そのたびに駆逐艦は対空戦闘と回避運動のため湾内を走り回り、爆弾投下とともに艦首艦尾をふって巧みに避けるのを例とした。戦場にはユーモラスな一面がある。ベテラン駆逐艦長となると、大袈裟（おおげさ）にいえば、敵機の投弾をたのしむ風があった。そしてかれらはこの回避運動を故郷の笛や太鼓の祭りになぞらえて「盆踊り」と呼んだ。

昼間の定期便と盆踊りが終わって、夜のとばりが降りると、かれらはやおら立ち上がって仕事に出る。ガ島への補給であり、増援である。それは急行列車が毎夜同じ時間に、同じ場所を、猛スピードで走るにひとしかった。しかも、日本人らしく正確そのものであった。アメリカ側がこれを「東京急行（トウキョウ・エキスプレス）」と呼んだのに対し、日本の駆逐艦乗りはみずから夜中に小刻みに陸兵を運ぶので「ネズミ輸送」と自嘲した。不本意な任務に対するひそかな抵抗でもあろう。しかし、どう呼ばれようと、またいかに自嘲しようが、ガダルカナル争奪戦においては、駆逐艦乗りこそが最高の戦士であったのである。

しかし、駆逐艦によって苦闘のすえ上陸した一木支隊主力は全滅、つづく残存一木支隊と川口支隊による九月十四日の総攻撃も失敗に帰した。川口支隊の兵力は三千五百名、一木支隊の四倍に達していたが、その有力部隊も大砲や戦車などの重火器なくしては、米軍の重火器の前にはひとたまりもなかったのである。

ガ島陸戦の核心は実にここにあった。日米同じ一千名が上陸するにせよ、たちまちにアメリカ軍は重装備した近代陸軍となったが、日本軍は三八式歩兵銃だけの、日清日露時代を思わせる骨董（こっとう）品軍隊にしかなれなかった。駆逐艦は戦うための船であり、輸送船とは根本的に異なっている。日本軍が駆逐艦による「東京急行」で輸送するのに対し、アメリカ軍は輸送船と空母を使った。日本陸海軍はまだこの合理性に気づかない。精神力によって勝てると考えていた。日がたてばたつほど、この日米のへだたりはより大きくなった。こうして〝時間〟までがアメリカ軍の味方となった。

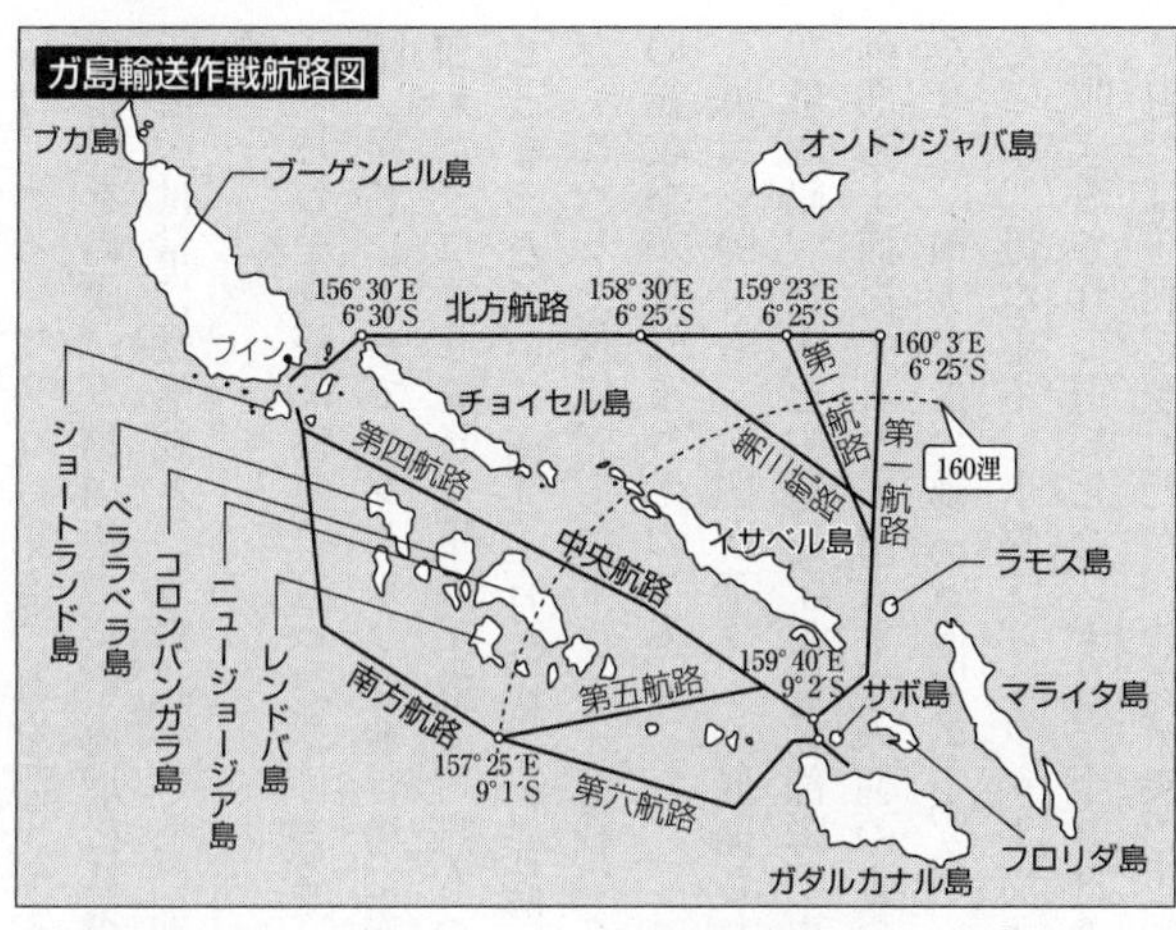

川口支隊失敗のあとを受けて、こんどは第二師団という大兵力を投入する計画が大本営によって策定された。連合艦隊も、力のかぎり策のかぎり、この大兵力の輸送にあたる決心を固めた。再び駆逐艦がかり集められる。ガ島戦開始時の情勢判断の甘さのため、日本海軍は、いちばん嫌っていた消耗戦に引きずり込まれ、すべてが後手後手となって苦戦を強いられた。しかし、一挙に崩壊しなかったのは、ひとり第一線の各部隊がよく戦ったからにほかならない。

第二師団の将兵はどしどし駆逐艦によってガ島に送られた。陸軍二万六千、陸戦隊三千という膨大な兵力が連夜、上陸に成功した。陸上総攻撃の準備はととのいはじめる。アメリカ軍もこれを阻止すべく巡洋艦隊、水雷戦隊、魚雷艇隊から潜水艦隊を編成、ガ島周辺の狭い海域に待機させた。こうして日米両艦隊のいくつかの海戦は常に遭遇戦という形状のもとに戦われ、そしてまたそれは常に夜戦となった。

十月の総攻撃は目前に迫った。日本海軍はガ島に初めて戦艦を投入した。戦艦金剛(こんごう)、榛名(はるな)によってヘンダーソン飛行場に痛撃を与えた。潜水艦も活発に魚雷攻撃を加えた。こうして日本軍の果敢な、息もつかせぬ突撃の前に、アメリカ軍もたじたじとなった。いわゆる十月危機が近代装備を誇るアメリカ軍の上に重くかぶさった。こうした後に、ミッドウェイ海戦いらい最大の機動部隊に支援された日本陸軍の総攻撃がはじまったのである。

海でも陸でも、死闘が華々しく展開された。陸上の総攻撃を成功させるために、空母瑞鶴(ずいかく)、翔鶴(しょうかく)を中心とする機動部隊が再び支援のためソロモン海に進出し、敵機動部隊を捕捉すると、南太平洋の朝のまだ明けきらぬなかに第一次攻撃隊を飛び立たせた。南太平洋海戦の幕開きである。海空戦で日本軍が大きなポイントをあげた。米空母ホーネット撃沈、エンタープライズ大破で、アメリカ軍は虎の子の空母を叩き潰されて退却した。十月二十五日のことである。

海では勝利を摑んだが、この激突の主戦場はガダルカナル島である。飛行場の争奪にあった。これを奪わなくては、海上の勝利もつかの間の栄光にすぎなかった。しかし、陸上での第二師団による総攻撃夜襲は、地形不利とそれにともなう兵力分散化、米軍の強固な陣地と優勢な火力にさまたげられ、飛行場の南端にとりつくところまできたが、ついに撃退され、大敗を喫してしまった。海上での勝利も、十月攻勢も無効となった。損害約五千人という。

日本陸海軍の落胆は深刻である。海に陸に、そして空に展開された戦闘で、米軍がいかに全力をあげてガ島にとりついているか、日本軍は痛烈に思い知らされた。もうだれの眼にも明らかになった、ガ島の米軍基地は深く根をおろし、日ましに幹を太らせつつあることを。それは不落の城となり、もはや機動部隊という大斧（おおおの）だけでは、ガ島のヘンダーソン飛行場という喬木（きょうぼく）を倒すことは不可能となっていることを、やっと日本陸海軍は悟ったのである。しかし、なお日本軍は強気であった。日露戦争では不落の要塞二〇三高地もついには陥ちたのである。このまま放置しておくわけにはいかない以上、再三再四であろうと、ガ島総攻撃に着手しなければならない。

ここで、はしなくも問題化したのは、東京急行便によるネズミ輸送の限界である。つまり陸軍の総攻撃が失敗したのは、近代戦にとって枢要な重火器がないことに最大の原因があると、やっと気がついたのである。駆逐艦ではその重火器はとても積めない。どうしても輸送船を使わなければならない。しかし、ガ島戦がはじまったころと異なり、圧倒的優勢な敵制空権下の海上を、いまとなって速力の遅い、いわゆる駄馬船団をいかにして無事ガ島まで到達させようというのか。困難は初めから予想された。高速な駆逐艦が、それも巧妙な夜間突入という作戦航路をとっていながら、出撃のたびに一隻、二隻と損傷を受けているのが現状である。これが鈍足の船団となれば、否応もなく、白昼下、十数時間も一五〇浬圏を航行せねばならない。いかにして敵機の執拗な攻撃を免れようというのか。しかしながら、この計画を実行する以外に、ガ島飛行場に日の丸を再び立てる方法はない。ともあれ、追いつめられた決断が、いつか不可能を可能と幻想させるのである。

重砲五十八門、砲弾七万五千発、二万人一カ月分の糧食、さらに補充将兵一万四千人を積んだ輸送船十一隻が、ショートランド泊地に待機した。これらの物資、将兵を無事揚陸するために、まず戦艦金剛、榛名が行ったと同じようにガ島の飛行場を叩いておき、米軍機の活動を封じ、その翌日、一挙に船団を入泊させて重砲などを陸揚げしようと企てられた。こんどは金剛、榛名に代わって高速戦艦比叡(ひえい)、霧島(きりしま)が投入される。作戦は綿密に樹(た)てられた。十一月十二日午前三時、ガ島砲撃部隊である比叡、霧島の二隻を中心とする軽巡一、駆逐艦十一隻の挺身攻撃隊が出撃し北方航路をとった。輸送船十一隻を中心とする第二水雷戦隊の駆逐艦十一隻が、一路ガ島をめざし中央航路への道をとり、ショートランドを出たのはその日の午後である。

翌十三日の金曜日、挺身攻撃隊は真夜中の二時近く、ガ島海面に入ると、いきなり敵の巡洋艦隊と激突した。駆逐艦同士が機関銃を撃ち合うような近接戦であった。戦場は瞬時にして混戦となり、乱戦力闘の果てに、アメリカ艦隊は巡洋艦二隻、駆逐艦四隻が沈没、司令官戦死という手ひどい痛撃を負って退却した。しかし、日本軍も比叡が舵に被弾し、狭い海峡の中に動けなくなっていた。このため主要任務である飛行場砲撃を中止するほかはなかった。第三次ソロモン海戦の第一ラウンドは終わった。戦闘は戦術的には日本海軍の勝利であったが、飛行場砲撃ならず、戦略的には敗れたというべきであろう（夜が明けて、敵機の攻撃を受け、やがて比叡は自沈した）。

飛行場砲撃の意図が挫折したと同時に、十三日早朝の輸送船団ガ島突入という初めの作戦計画は変更された。輸送船十一隻と駆逐艦十一隻は、舳（へさき）をとってきた道に戻して静かにショートランドに避退する。しかし、日本海軍はガ島奪取の最後の志を捨てなかった。残った戦艦霧島を中心に飛行場砲撃部隊を再編成し、再びガ島への突入をはかるのである。輸送船団には、揚陸は十五日早朝とするという変更命令がとんだ。船団は、十三日の昼すぎ、ショートランド泊地近くから出撃し舳を再びガ島に向けたのである。

こうしてガ島三カ月の激戦の歴史をかえりみれば、十一隻の船団がガ島に無事に着くか着かぬかに、日本の命運が賭けられているという表現も、あながち誇張でないことが明らかになろう。このときをおいてチャンスはない。確かに、ガ島争奪戦は、クライマックスにさしかかろうとしていた。

四列の輸送船をとりかこんで十一隻の駆逐艦は、その旺(さか)んなる闘志を、精悍な、流れるような艦影に映して再び波を蹴たてはじめた。船団の速力一一ノットは、高速に馴れた駆逐艦乗りにとってなんとまだるっこしいことか。かれらの闘志は度重なる命令変更にも挫けていない。こんども敵飛行場砲撃は失敗するかもしれない。輸送船は無事に入泊できないかもしれない、あるいはまた、かれら自身が再び生還できないかもしれない。しかし、これら不吉な予想をかれらはなんら意に介さない。かれら海の男の心事は底抜けに晴れやかなのである。

かれらは考える。駆逐艦とは何であろうか、と。

答えは簡単である。駆逐艦こそが船の中の船であり、乗組員は海の男ばかり。駆逐艦乗りはもともと、速力と攻撃力にものをいわせ、敵主力に体当たりを食らわす捨て身の突撃隊員であることに誇りをもっている。かれらの乗る駆逐艦は軍艦ではなく、消耗品であり危険物なのである。かれらはいつも戦闘の第一線にいて、常に、死と隣り合わせでいることをもって誇りとしているし、自分たちがやらなければ、ほかのだれがこの苦しい戦争を背負って立てるか、という自負と責任感とにみちみちていた。それが駆逐艦の戦闘であった。だから、平然と死地に赴けるのである。

かれらはまた考える。駆逐艦とは何であろうか、と。

別の答えが返ってくる。駆逐艦には苛烈な戦闘のほかに、いつでも海に対する人間のあくなき挑戦という大いなるドラマがつきまとっている。風、波、雲、光、あらゆる自然の変化に対し、駆逐艦乗りほど敏捷に反応するものはいない。海が荒れればかれらも渋くて謙虚で誠実だが、闇夜の戦闘となれば猛烈に荒々しくなる。かれらは強風と荒波と戦い、あらゆる敵と戦い、あらゆる戦場にかけつける。青い海と青い空がきびしい顔をかれらに見せているかぎり、駆逐艦乗りにあっては、どんな小さなことも生命を張った〝戦闘〟なのであった——恐らく眠ることさえも。

C

しかし、初めから予想されていたとしても、十月十四日の真昼の戦闘は悲惨の一語につきた。アメリカ軍は進攻する霧島を中心とする部隊よりも、すべての眼を日本の輸送船団に向けていた。かれらの戦略眼は確かであった。輸送船をつぶせば勝てると考える。これに対して、日本軍は対抗すべき方策をもたなかった。こうして第三次ソロモン海戦の第二ラウンドは完敗となった。

ガ島の運命を乗せた輸送船十一隻が、敵機百五十機の攻撃で、四隻にまで減じたとき、客観的にみて、護衛する第二水雷戦隊の与えられた任務は終わったといっていい。そして、やっと長かった一日が終わった。蕭然(しゅくぜん)たる影をひいた残存船団の僚艦が暮色に溶けて、十一隻の駆逐艦は、いま、それぞれが単艦に切り離されたかのような、敗北の後の孤独を味わっている。船団にとって、このときがいちばん辛いときである。ややもすれば〝不屈の闘志〟の挫けようとするときである。

ただ一人の男が、太い眉と立派な口ひげをはやした海の男が、この完敗の悲愁に満ちた船団の闘志を支えていた。その人、第二水雷戦隊司令官・田中頼三(らいぞう)少将。明治二十五年四月生まれ、山口県出身、海軍兵学校四十一期、金剛艦長から第六潜水戦隊司令官を経て、開戦直前の昭和十六年九月に第二水雷戦隊司令官になった生まれながらの水雷屋提督。だれに評させても磊落（らいらく）な、それでいて細心な面をもつ提督であるという。酒が好きで、酔うと決まって「コガネ虫は金持ちだ、金蔵たてて……」と得意の歌を高唱し、骨太の長身の身体をぎくしゃく折りまげて踊った。

その夜——そのコガネ虫の提督、田中少将は敗北の船団の先頭を行く旗艦早潮（はやしお）の艦橋にあって、じっと闇の底を見つめていた。胸中去来するものは何か。ずっしりとした疲労が五十一歳の男の後ろ姿ににじみ出る。

田中頼三

考えてみよう、かれが開戦いらい指揮をする第二水雷戦隊（略して二水戦）といえば、高速ですぐれた運動性能をもち、航洋性にまさる新鋭駆逐艦だけで編成する最精鋭の闘争集団である。〝泣く子も黙る〟と自他ともに認めあっていた突撃一本槍の攻撃部隊。かれら二水戦の将兵の夢みるものは、壮烈な夜間肉迫雷撃戦である。いつの日か敵主力艦や航空母艦の横腹に、九三式六一センチの高速遠達の魚雷を叩き込んでやる、かれらはそう信じて疑わなかった。かれらはその夢のために、生死をかえりみない訓練の長い歳月に耐えてきた。それは訓練などという生っちょろいものではなかった。いつでも死と隣り合わせの猛烈きわまるものであった。艦そのものにも、技術的改善の努力が積み重ねられてきた。そのすぐれた性能をもつ艦と、すぐれた戦術と技倆をもつ乗組員のみが、田中少将の指揮下に集まっていたのである。

しかし、それがいまはどんな意味をもつのだろうか。緒戦のころはともかく、ガ島争奪戦がはじまってみると、かれらを待ち受けていたのは、本格的な艦隊戦闘はおろか、だれもが予想すらしなかった雑多な任務であり、苛酷な戦場であった。しかもどの場合にも、きわめて不利な条件で遮二無二戦うことを余儀なくされた。低速な大型艦の護衛、船団護衛、強行偵察、陸上砲撃、哨戒、沈没艦船乗組員救助や味方不時着機搭乗員救助（これをかれらはトンボ吊りといった）、損傷艦の護衛……かれらはありとあらゆる戦場にかけつけた。かれらは忠実に、船団を護衛し、あるいは陸軍や陸戦隊を乗せ、ガ島とショートランドを往復した。真珠湾で飛行機屋の連中が敵主力艦を叩きつぶしたため、水雷屋の相手が消えてしまった、と、ぼやいてもいまさら仕方のないことである。

とくにガ島輸送戦は苛烈をきわめた。それは時間と空間とを相手とする戦いとなった。敵はいつでも上空や海底にあった。つかみどころのない空しい戦いであった。強力な魚雷、それこそが駆逐艦の生き甲斐であり、どんな大艦とも互角で戦いうる自信である。しかし、このただ一つの戦闘性能の使い道など、ほとんどなかった。そして僚艦はつぎつぎに傷つき、あるいは憤死した。〝盆踊り〟をしながら死んでいくのであるから、みじめさは一層まさるではないか……。

　田中少将が深い闇の底に描くのは、そうしたみじめさであったであろう。絶望の淵をのぞき込む想いであったろう。猛訓練の精華を咲かす機会もない、不満のもっていきどころも、怒りを吐きだす場所もない。かれはいま麾下（きか）の駆逐艦を心のうちに数えあげてみる。輸送船は四隻に減じたが、十一隻の駆逐艦はどれも健在であった。あるいは単艦で輸送船沈没海面で救助をつづけるものもあり、あるいは護衛任務につき、遅れたり列からはみだそうとする輸送船を指導しているものもあった。どれもはちきれんばかりに陸兵を満載していた。早潮檣頭（しょうとう）に将旗が凜然（りんぜん）としてはためくかぎり、たとえ底なしの死の沼であろうと、指揮下にある各駆逐隊はいぜんとして突撃をつづけることであろう。

　ふつう駆逐隊は駆逐艦四隻をもって編成され、三または四個駆逐隊をもって水雷戦隊が形成される。駆逐隊が四隻単位であることから、駆逐艦の建造も四の倍数となるのが原則である。太平洋戦争の開戦時に、日本は六つの水雷戦隊を有していた。そのなかでも、二水戦こそが敵戦艦攻撃を主任務とする水雷戦隊のいわばホープであった。気風は手荒く、颯爽としていた。開戦いらいすでに一年になろうとして、二水戦の駆逐艦も開戦時とは大いに変わっている。開戦後の新造艦もあれば、傷つき、あるいは沈み、編成を解かれたものもあった。旗艦の艦橋にあって田中少将が心のうちに数えあげた駆逐隊と十一隻の駆逐艦は、この時点では、つぎのような編成になっている。

第一五駆逐隊＝早潮〈旗艦〉、親潮、陽炎（黒潮欠）
第二四駆逐隊＝海風、江風、涼風（山風欠）
第三一駆逐隊＝高波、巻波、長波（三隻編成）
第三〇駆逐隊＝望月、天霧（睦月、弥生欠）

もう一言、説明を加えておこう。これら駆逐隊番号は横須賀鎮守府所属は一より一〇まで、呉鎮守府が一一より二〇、そして佐世保鎮守府が二一からとなっている。また、水雷戦隊の旗艦はふつう軽巡洋艦を原則とした。二水戦の旗艦には開戦いらい、軽巡神通があてられていたが、第二次ソロモン海戦で損傷し、修理のためトラック島に送られていた。その後わずかな期間、軽巡五十鈴を旗艦としたがこれも損傷し、田中司令官はやむなく麾下の駆逐艦を転々と乗りかえ、将旗をかかげていたのである。

旗艦が軽巡であることの意味は、日本の水雷戦隊の任務と戦術思想とをおのずと明らかにする。それはまさしく艦隊決戦主義のための水雷戦隊ということである。来攻する敵大艦隊を迎撃するため、軽巡を先頭に押したてて、味方主力のはるか前方海面まで進出し、主力決戦の前日、すなわちXマイナス1日、日の暮れかかるころ旗艦の軽巡は夜間偵察機を射出する。この水偵の敵情報告にもとづいて水雷戦隊はさらに敵主力にせまり、そして日没とともに突進し、攻撃を開始する。敵主力は回避する。水偵が追う。同時に、水偵は敵主力の上空に吊光弾（ちょうこうだん）を投下し、駆逐艦群の肉迫を助けるというものである。襲撃は夜の明けるまで何回となく繰り返され、敵主力を二隻でも三隻でも減らし、X日の艦隊主力決戦において対等の兵力にもち込み、一挙に勝敗を決しようという大戦略であった（堀元美（もとよし）氏『駆逐艦』による）。

昭和初年、条約によって遅れをとり、アメリカ艦隊との兵力比において〝絶対の勝利〟に自信のなくなった日本海軍が、苦心の末にあみ出した大艦巨砲による艦隊決戦、その大作戦の一翼をになう海空一体の夜襲魚雷戦。これが、軽巡を旗艦とする水雷戦のとっておきの戦策であった。この作戦思想にもとづいて、兵器も高性能の魚雷はもとより、夜戦専用の特殊兵器が改良され実用化された。レンズの直径一五センチの怪物のような双眼鏡が出現した。真っ暗な海面を一切の灯火を消して、全速力で、緊密な編成を保ちながら肉迫する。唯一の頼りは肉眼であった。肉眼で敵よりさきに相手をとらえ、突入する。精妙な夜間の見張り術がそこから要求された。

これが日本の駆逐艦の思想であり、水雷戦隊の思想であったのである。ここにもよかれ悪しかれ海軍七十年の歴史が生きている。伝統的な、ぬきさしならぬものの考え方が生きている。日本海海戦では白昼の決戦でバルチック艦隊を大いに破り、ついでその夜、水雷戦隊が敵を追撃、これを殲滅（せんめつ）するという大殊勲をたてた。これが駆逐艦の重要性の先入観となった。夜戦こそが任務のほとんどすべて、と決定づけられた。

大艦巨砲主義といい、艦隊決戦主義ともいうが、いいかえれば制海権の思想である。「平時、戦時を問わず、海上武力をもって国防、権益擁護、居留民保護などに任じ、海上交通貿易の自由を掌握する海上権力」と海上兵学の権威マハンは制海権を喝破したが、この海上武力の主役は世界の海軍にあっては戦艦以外のなにものでもなかった。敵の主力を沈めることが制海権を得ることと同義となった。しかし、太平洋戦争では、その制海権すらが制空権なくしてはあり得なくなったのである。いや、もっと突きつめていえば、制海権そのものがなくなっていた。攻撃距離とスピード、いいかえれば空間の拡大と時間の短縮が、マハンの亡霊をとっくに追放していたのである。制空権の争奪が本格化したのは第一次大戦中の一九一七年からではなかったか。にもかかわらず、日本海軍は一九三七年（昭和十二年）にまだ大艦巨砲主義の夢を追って戦艦大和（やまと）の建造案を決定していたのである。

マハンの亡霊に縛られて、日本海軍は「海戦要務令」をつくった。その要務令に縛られて、各艦は建造され、乗組員は〝技神（ぎしん）に入（い）る〟まで訓練させられた。魚雷の発射、艦艇の操縦、主砲の射撃など練りあげた技倆は世界一を誇ってもよい。だが、そのために、駆逐艦の肉迫攻撃そのものが信念化されてしまって、そんなことが起こり得るのか、可能性はどのくらいあるのか、と反省する機会すらなくなっていた。そして、太平洋戦争においては、ついに日本海軍多年の夢であり、期待であり、訓練の目標であった主力艦による洋上艦隊決戦は起こらなかった。

戦争は生きものである。時々刻々に動き、決して過去にとどまることはない。常に新しい戦闘の様相が展開し、しかもそれは予想を許さず、また過去の戦訓はどれ一つとして当てはまろうとはしなかった。皮肉なことに、そうした事実を過去の戦史は見事に実証している。伝統ある軍隊が、革新された戦法や編成や兵器をもつ軍隊の前に、もろくも潰滅させられた死屍累々（ししるいるい）たる例証は、歴史のなかにつまるほどあった。

新しい戦場において、日本海軍のあらゆる艦種がその本来もっている戦闘能力以外の使われ方をした。第三次ソロモン海戦の第一ラウンドで、戦艦比叡が狭い海峡に入り、主砲を横にして撃ち合うなどということも、およそ考えられない戦闘への参加であったであろう。しかし、それでもなお、いつの日かの艦隊洋上決戦を夢み、戦艦や重巡洋艦などを、それがあり得ないとわかっておりながらも、日本海軍は最後の最後まで温存していた。悲惨をきわめたのは高速の駆逐艦や潜水艦ではなかったか。かれらは簡便であり、所詮、艦隊決戦思想の消耗品でしかない。戦艦の主砲のかわりであった。ソロモン海は駆逐艦の墓場であるという。かれらは実によく走り、戦い、そしてまた走った。そして痛憤を沈黙に秘めてつぎつぎに消えた。何のために死ななければならないのか、かれらの多くはわからなかったに違いない。耳をすませば、青い海原の底から、低いこれらの死者のつぶやきが聞こえてくるかもしれない。

「見ろよ、九三式魚雷が泣いているじゃないか」と。

D

感傷にひたっているときではなかった、ガ島の戦場に再び戻らねばならない。いまや、生き残った輸送船四隻を包み込むようにして、二水戦指揮下の十一隻の駆逐艦が、暗黒のガ島の狭い海域に、最後の突進を遂行しようとしている。そこでは、早くも第三次ソロモン海戦の最終ラウンドが凄絶に戦われていた。迎え撃つアメリカの新鋭戦艦ワシントンとサウス・ダコタの二隻の四〇センチ砲弾と、進攻する日本の戦艦霧島の三六センチ砲弾が、闇を裂いて飛び交った。初めて展開された戦艦同士の撃ち合いだった。サウス・ダコタは瞬時にして集中砲火を浴びて大破し、戦列外に去り、米駆逐艦も四隻中三隻は沈み、一隻は小破した。だが、日本海軍も手ひどい傷手(いたで)を蒙(こうむ)っていた。戦闘開始七分後、霧島はワシントンの弾丸九発を受け、ついに戦列から脱落し、飛行場砲撃の雄図は夢と消えた(後に自沈)。

この間にも、華麗な祝宴とまごうばかりの戦場のわずか外側を、四隻の輸送船は全速力でガ島へ向けて突き進んだ。このとき早潮艦橋にあった田中少将は、冷静な決断に迫られていた。やっとの想いで四隻をガ島まで運んできたが、上陸地点が戦場そのものになっている。恐らく正常な揚陸作業は不可能であろう。といって、いまさら避退はできなかった。避退したところで船団の速力では、魔の一五〇浬圏から夜明けまでに脱出することは許されないであろう。残された方法は?――コガネ虫提督になんらの躊躇はなかった。

「このまま突入する」

駆逐艦群は四隻を押し包むようにして一直線に突進した。戦闘力を失って漂う彼我の艦の上げる炎が、漁火のように夜空をこがし、砲声がなお殷々としてソロモン海にとどろいていた。突然、突き進む二水戦の前方に敵戦艦の巨大なシルエットが、燃える海の赤い火を背景に浮かび上がってきた。田中司令官はすぐこれにも反応した。拾い揚げた陸兵の数の少ない駆逐艦は親潮と陽炎の二隻である。この二隻なら十分に戦うことができる。

かれは命じた。攻撃せよ。

護衛の任を解かれた二隻は、全速力で前面におどりだしていった。復讐の念、というよりこれが本来の任務とする闘志に燃えたぎっていた。艦尾の海水は瀑布のように沸きたち、黒一色の闇の中で、全艦が霧のような飛沫におおわれる。時計の針はすでに十一月十五日に大きく回っている。

その十五日の日の、東の空がようやく白みかけてきたころ、敵戦艦を追跡したが、ついにこれをとり逃がした親潮と陽炎の二隻はガ島のタサファロンガ近くにたどりついた。親潮は零時三五分に遮二無二敵戦艦めがけて魚雷八本を発射し、確かに二本の命中音を聞いている。陽炎の場合は絶好の射点に達しながらも、なお敵味方の判別に迷う間に、大型艦は闇の中に溶け込み、ついに攻撃の機会を逸した。二隻の駆逐艦は肩をよりそうようにして、爽快な追撃戦の昂奮をそのままにガ島沿岸にまでもち込んで、戻ってきたのである。

四隻の輸送船は舳を高くもち上げてガ島の岸にのし上げていた。万難を排しても陸兵を揚陸する、その闘魂を見る想いであった。早潮を先頭とする二水戦の僚艦の姿は北方の闇のなかに消えていた。親潮と陽炎もただちに回頭すると、ショートランドへの北方水道に向けて走り出した。前進全速。敵機の跳梁する前に、一五〇浬圏から離脱しなければならない。護衛の任務は、完全に終わりを告げたのである。評点をつければ、恐らく二十点にも満たないであろうか。全海軍の輿望（よぼう）をにないながらも、結果的には輸送は失敗だったと断ぜざるを得まい。しかし、駆逐艦十一隻はそのもてる力の限界のぎりぎりのところまで果たして、断じて退くこともなく、ガ島への陸兵、糧食そして重火器を運んだのである。のみならず、うち二隻は敵戦艦に対する肉迫魚雷攻撃という離れ業までやってのけた。なんら恥ずるところはないはずであるが、かれらの避退する道には、やりきれないような悔恨とやるせない想いの厚いとばりが立ち込めている。そうした深く暗い想いを追いたてるように、朝の光はそっと忍び寄ってくる。波とたわむれる夜光虫の光は消えて、海には灰色から青へとゆるやかな転換が行われる。

親潮と陽炎の見張員は、その巨大な直径一五センチの双眼望遠鏡でガ島の方をもう一度見返った。高く黒煙が二筋三筋。擱坐(かくざ)した四隻の輸送船は早朝からの敵機の攻撃の前に、前日あれほど執拗な攻撃にも長らえることのできた生命を終えようとしていた。敗北の海には、戦闘力のあるなしに無関係な、残虐な攻撃がたえず加えられるのである。朝の、オレンジ色の光のなかに、ゆらゆらと立ち昇る四本の煙の柱の向こう、おし重なるようにして繋った椰子の密林を、二隻の駆逐艦の乗組員はなつかしい故里の山河を見るかのように眺望した。人跡未踏の南の島、南北四六キロ、東西一四八キロのガダルカナル島。かれらにとってはそれが何度目のガ島輸送になるか、ふと数えてみる。十度はとっくにすぎていよう。そういえば、とかれらは思った、たとえうっすらとではあろうが太陽の光の下で、あの島を見るのはこれが初めてであった、と。

鬼怒川(きぬがわ)丸、宏川(ひろかわ)丸、山浦(やまうら)丸、山月(やまづき)丸の四隻の輸送船の上げる黒煙は、かれらの眼には、泣哭(きゅうこく)するが如くにいつまでもゆらめいて眺められた。この黒煙が、第三次ソロモン海戦の終止符を告げていた。

1 命令

11月29日　ショートランド
第二水雷戦隊司令部

内火艇やカッターから見上げる駆逐艦の舷梯（げんてい）は、戦艦や重巡と比べれば恐ろしく貧弱で、軽少で、不安定で短かった。五、六段も駆け上がれば上甲板に達した。この舷梯を軽々と駆け上がって、各艦の各級指揮官がぞくぞくと第二水雷戦隊旗艦長波（ながなみ）に参集したのは、第三次ソロモン海戦が終わってほぼ半月後の、昭和十七年十一月二十八日のことである。

ソロモン群島のなかでもっとも北に位置するブーゲンビル島のショートランド泊地。全島椰子におおわれた平らな島が、鏡のような水面につつましやかな姿を映している。周囲にファウロ島、バラレ島、エビロン島などの島々が散在し、日本の瀬戸内の風光をしのばせる。東西四〇キロ、南北三五キロ、水深三〇メートル以上、この湾内を広く使って八隻の駆逐艦が投錨、戦陣に疲れた身を休めていた。対岸はブイン海軍航空基地。「定期便」の攻撃が終わって、湾内にはつかの間の平和がとり戻されたが、将兵にとって総員配置をつげるブザー、心臓を止めるようなあのときの緊迫感は静まってはいない。疲れ果て、眠ることだけを考え、手荒くすさみきった約二千人の海の男たち。それぞれの性格のままに、あるものはむっつり黙りこくって、あるものはやたらにわめき散らしながら、長波にいそがしく参集する僚艦の内火艇やカッターを見やっている。このあわただしさは、間違いなく、新しい作戦が数時間後にはじまろうとしていることを意味している。多分、それはまたガ島への輸送なのであろう。二、三日前からまたガ島に月のない夜がはじまった。疲れきった人間は考えをまとめるのに手間がかかる。しかし、この予感だけははずれるわけがない。

南半球では日本の冬が真夏に当たる。赤道直下の夏の太陽は灼熱という形容詞がぴったりする。ソロモンの山々は、黒ずんで見えるほどに、濃緑が重なり合って重くるしい。ただ珊瑚礁(コーラル・リーフ)にくだける白い飛沫がわずかに将兵に涼味を送りとどけてくれる。

新しい作戦命令は前日に発せられていた。

『機密外南洋部隊命令作第三号
昭和十七年十一月二十八日「ショートランド」長波

増援部隊指揮官　田中頼三

増援部隊命令

一、敵ハ益々「ガ」島増援ヲ強化シ其ノ空軍活躍ハ愈々熾烈ナリ　同島陸上戦線ハ概ネ固着シ我陸軍部隊ノ糧食弾薬甚シク欠乏セル現状ナリ　友軍潜水艦ハ連日「カミンボ」ニ糧食輸送中ナリ

二、増援部隊ハ「ガ」島ニ対シ十一月三十日「ドラム」缶ニ依ル第一次急速隠密輸送ヲ実施セントス

（以下略）』

一体、このドラム缶による新輸送作戦を真っ先にだれが考え出したのか明らかではない。恐らく外南洋部隊（第八艦隊＝司令長官・三川軍一中将）の参謀のすばらしい頭と机の上からひねりだされたものであろうと、下士官兵たちは思う。計画はすでに第二水雷戦隊に対しては、過ぐる二十四日に発令されていた。二水戦司令部はこれに応じてドラム缶輸送の研究と実験を重ね、成算ありとして、実行に踏み切ろうとする。伝達された命令書はこのとき生きものとなった。ただちに糧食や医療品をつめたドラム缶がラバウルよりショートランドに運ばれてきた。ドラム缶はラバウル占領のとき敵が遺棄したものをよく消毒して用いるという。これに沈んでしま

わないだけの浮力を残して、各約一〇〇キロの重要物資が詰められた。

準備はこうして着実に、したたるような暑熱のなかで進められた。陸軍との輸送の打ち合わせも、作戦参加の各艦の燃料弾薬の補給も終わった。外南洋部隊からの正式の作戦命令「電令作第二五一号」もこの日（二十九日）の昼すぎにとどけられた。それは、

『増援部隊指揮官ハ左ニヨリ「ガダルカナル」ニ対スル陸海軍用糧秣及弾ノ輸送ヲ実施スベシ』

というもので、揚陸日として十一月三十日未明を指示してきたのである。

三十日未明突入となれば、出撃は逆算して二十九日真夜中ということになる。田中司令官が各級指揮官の長波参集を命じたのも、いわば最後の作戦打ち合わせのため、とだれの眼にも映じたのは当然であろう。全員のたくましく焼けた顔がそろったところで、二水戦首席参謀・遠山安巳中佐が各艦の状況の報告を求めた。淡々とした返事が各艦長から戻ってきた。休養もない連続的な作戦行動のため、人間も機械も疲れ果てている。疲労はどの艦にも人にも共通していた。うだるような暑さ、たえ間ない空襲と不眠、ぎりぎりの限界点のなかで繰りひろげられる戦闘、傾いた僚艦、ひしゃげた煙突、溺れる人、そして血に染まった海、かれらを楽しませ慰めるものなど、このソロモン海域には見られるかぎり何一つなかった。

しかし、とある艦長はいった。「疲労や消耗を気力でおぎない、乗員の士気は旺盛、意気はまさに軒昂たるものがあります」と。そして白い歯を見せて快活に笑った。「ほかの艦でも同様でありましょうが……」。ほかの艦長はいっせいにうなずいた。八人が八人、それぞれの人格がありながら、最前線にあっては奇妙に似かよってしまう、と遠山参謀はおかしかった。

だが、機械の方は人間とは別である。連続長時間の高速力航海のため、各部がいたみ、とくにリグナムバイターや軸受けの摩滅が甚だしく、「人よりさきに機械の方が悲鳴をあげております」とある機関長がいった。駆逐艦の狭い、艦長予備室にはどっと笑いの渦が巻いた。ひとしく肯定するような笑いであった。

やがてコガネ虫の提督、田中司令官が立ち上がった。かれはガ島争奪戦はじまってこの方、ずっと駆逐艦を糧食輸送用に使うことに対して、上級司令部に異をとなえつづけていた。かれの持論は明確この上なかった。駆逐艦はその性能上からみて、高速を要するため排水量の大部分は推進機関に、また上甲板は大砲および魚雷発射管を装備するため余分の面積はないといっていい、こうした戦闘第一義の艦を輸送用に使ってみたところで搭載量はごく僅かにかぎられ、いってみればトラックの代わりに乗用車で運搬するほどの効果しかない、この少ない効果のために、むざむざと多くの決戦用の新鋭駆逐艦を失うのは愚の骨頂であると、かれは歯に衣を着せず意見具申した。それは第一線の司令官として何より気づかわねばならぬ戦隊の効率という点からみても、およそ当然の言といってよかったであろう。そのことが後にかれにどんな影響を与えるか、思ってもみなかった。水雷屋らしい直進が、将官となりながらも、かれのなかにはなお生き生きとしていた。

その日も、かれは説いた。

「およそ上陸作戦は敵の備えなき地に不意に上陸するか、あらかじめ主力艦および飛行機をもって徹底的に上陸点を砲爆撃して叩き、陸上の反撃力を弱め、さらに敵の飛行機および艦船を防ぎ得るか、上陸後の補給を確保し得るかなどの諸条件を考慮して決行しなければ、成功することなどはおよそ至難のことなのである。ところが、ガ島においては一体どうか。わが軍はこれら諸条件をすべて無視し、敵の戦力を下にみて無謀な作戦を繰り返したため多くの艦船、飛行機と幾千の将兵を失い、ついに後方からの補給も絶え、二万におよぶ上陸軍は餓死寸前という悲惨な状態におちいっているのである……」

田中司令官も各級指揮官もこのとき、みずからが護りながらついに護りきれず、空しく十一隻の輸送船を沈めた十一月十四日の海を想い浮かべた。あのとき、攻撃された輸送船はもはや船ではなく、背骨をへし折られ、ねじれて燃えあがる火焔のかたまりでしかなくなっていた。あれほどの無念を、惨敗を、手をこまねいてみているよりほかはなかった痛切な想いは、すぐにでも胸中によみがえってくる。あれから僅か半カ月、ガ島を餓島と化せしめたのは、だれあろう、人多くをいえど、つまるところみなわれわれの責任ではなかったか、と艦長たちは思うのである。

三日にわたってつづいた第三次ソロモン海戦で、日本海軍は比叡、霧島のほか重巡衣笠、駆逐艦三隻とさらに輸送船十一隻を失い、そして、わずかに突入擱坐した四隻の輸送船から兵員二千、弾薬二百六十箱、米千五百俵を揚陸して退かざるを得なかった。この作戦の失敗は深刻である。戦艦同士の決戦に敗れたことが大事なのではない。ついに飛行場砲撃という大目的が達せられず、運命を賭した揚陸が成功しなかったことが致命的なのである。制空権なくして海上の勝利はない。第三次ソロモン海戦はいやという程までに日本海軍に苦汁をのませてくれた。この苦汁の味は決定的であった。日本の攻勢はこのときをもって完全に終止符を打たざるを得なかった。

なおもし、これ以後もガ島を奪回しようとするならば、ショートランドとガ島の中間に有力な航空基地を建設し、その上で航空撃滅戦を再興するよりほかはない。このために、ニュージョージア島のムンダ、およびバラレに航空基地を整備することが決定された。十二月下旬までに完成、航空部隊を進出させ、再び大攻勢に転じようというのである。しかし、その基地をいかにしてつくるか、そしてまた、その航空撃滅戦を戦いぬく力が、果たして日本に残されているのか。いずれにせよ想像を絶する難事であろう。といって手をこまねいて傍観することは許されない。戦争は、こっちが休もうと思っても、相手は休んで待っていてはくれないのである。ともかく、中部ソロモンに飛行場のできる十二月下旬まで、ガダルカナルを死守させねばならない。力をふりしぼり智謀のあらんかぎりをつくして立ち向かう、それが日本海軍に残されたただ一つの道となった。

しかし、どう楽観的に見ようとしても、形勢が日本軍に不利であることは否めなかった。ガ島には戦闘機四十、急降下爆撃機四十、大型爆撃機（B－17など）二十を常備し、完全に制空権をアメリカ軍が奪っている。いま輸送船団が白昼悠々と泊地に入っている。これに対する日本基地航空部隊は、すでに百日をこえた連日の激戦に人員、機材の消耗はもうその底をつき、補充、整備、訓練で手いっぱいという苦況に陥っていた。航空撃滅戦を展開し、制空権を奪い返すことなど絶望という状況にあった。

二水戦戦闘詳報は明瞭に第一線の苦悩を語っている。

『直接「ソロモン」方面ニ作戦スベキ丙空襲部隊（ブイン基地）R方面航空部隊（ショートランド基地）ノ兵力ハソレゾレ艦戦一〇、艦爆八及ビ観測機一二機程度ニシテ極メテ劣勢ナリ』

ここに及んで、なおかつ、ガ島は死守せねばならなかった。このために駆逐艦によるドラム缶輸送という古今未曾有の奇手が考えられたのである。中部ソロモンの島々に飛行場を建設し、新たな攻勢拠点を築き上げるまで、なんとしてもガダルカナル島で米軍を食いとめておかねばならず、かりにガ島の奪回はあきらめざるを得ないとしても、なおしばらく置いてきぼりになった陸兵と陸戦隊の奮戦を期待しようというのであった。

田中司令官はそうした作戦的な輸送の必要性を説明した。「しかし、いまわれわれはそうした作戦上の必要性からよりも……」と嚙みしめるようにいって、口もとを引きしめ、全員をひとわたり見回した。

「むしろ、いまは単なる作戦ではなく、それは人道上といった方がいい。人間としての義務から、われわれはガ島へいかねばならないのだ。こんどの作戦の成功なくしては二万ものガ島陸上部隊は奮戦はおろか、ただ空しく死を待つほかはないのである。ガ島はいまや餓島なのである……」

海の男たちは会議を終え、また、燃えるような日差しのなかに出ていった。ショートランド泊地の海面は照りつけられて銀色に輝き、緑の島かげは美しく広漠としていたが、作戦会議を受けたごく僅かの間に、かれらの世界は一変していた。使命感と同胞愛、忠誠心と献身、そんな言葉をいくつならべたところで、かれらの心をいいあてるべく、正確ではない。それは金ベタや金モールや星の数や、あるいは赤レンガのデスクワークでは計れない何か、荒々しい感傷ともいうか、男の侠気とでもいうか……。そうだ、それは、たとえば駆逐艦乗りになぜ駆逐艦乗りになったのかと尋ねたときに、決まって返ってくる答え、

「塩風に吹かれてすっかり青さびのついた帽子の徽章(きしょう)が、ハハハハ、ひどくカッコいいと思ってね」

そんなさっぱりとした男らしい世界に、かれらは勇躍足を踏み入れようとしているのである。

作戦命令はかれらの頭に叩き込まれている。

・軍隊区分

警戒隊＝長波、高波(たかなみ)（任務・敵の奇襲警戒）

第一輸送隊＝親潮(おやしお)、黒潮(くろしお)、陽炎(かげろう)、巻波(まきなみ)（任務・ドラム缶各艦二百四十個、タサファロンガ輸送）

第二輸送隊＝江風(かわかぜ)、涼風(すずかぜ)（任務・ドラム缶各艦二百個、セギロウ輸送）

作戦参加は以上八隻。第三次ソロモン海戦のときの護衛任務十一隻より、あれか

ら半カ月足らずのうちに早潮（はやしお）は沈み（十一月二十四日）、海風（うみかぜ）は傷ついてトラック島の病院に送り込まれている。そして第三〇駆逐隊の望月（もちづき）、天霧（あまぎり）は第八艦隊へ戻りニューギニア方面の輸送任務についている。この八隻が現状においては集められる精一杯のところなのである。

揚陸作業については「命令作第三号」に簡潔に示されている。

『輸送隊ハ陸岸ニ近接漂泊シテ「ドラム」缶投入　自艦小発（艇員陸兵）ヲ以テ導索ヲ陸上作業員ニ渡シタル後　小発ヲ収容ス。情況止ムヲ得ザレバ小発ヲ泊地ニ残留シ　或イハ導索端ニ錘量附旗浮標ヲ附シテ「ドラム」缶ヲ放棄スルコトヲ得』

たしかにこれまでの接岸してから一時間以上もかかる輸送と比べれば、こんどの

隊	信号符字	通話番号
増援部隊	水i	雪
旗艦		雪〇
警戒隊	隊X	雪二
第一輸送隊	隊Y	雪一
第二輸送隊	隊Z	雪三

輸送には揚陸作業が十五分か二十分で終わる利点がある。しかし補給物資積み込みの代償に、トップ・ヘビーとなるため予備魚雷八本を陸揚げしなければならなかった。駆逐艦が駆逐艦であるゆえんは、一に魚雷にあるのではなかったか。波を切って驀進（ばくしん）し、魚雷を相手の横腹にぶつける、そこにかれらの夢があり青春

があった。かれらはその魚雷を涙をのんで半分陸に揚げた。

しかし、片手をもがれながらも、なおかれらは勇ましい戦士であった。もし敵艦隊と遭遇した場合はどうするのか。作戦命令はいいきる。

『泊地進入前ヨリ敵奇襲兵力ニ対シ厳重警戒シ　咄嗟戦闘ニ関シ遺憾ナキヲ期ス揚陸作業中　敵魚雷艇ニ対シテハ　警戒艦極力撃攘ニ務ムルモ　水上兵力出現セバ作業ヲ中止シ全軍集結コレガ捕捉撃滅ヲ期ス』

捕捉撃滅――なんと響きのよい言葉であることか。そして通話番号および特定信号符字は表（前ページ）のように決められた。

作戦計画は万端遺漏がなかった。田中司令官より第一一航空艦隊参謀長、第一一航空戦隊司令官あてに電報も打たれている。

「明三十日夕刻敵空襲ノ顧慮極メテ大ナルニ付　貴隊飛行機ニヨル日没前後ノ輸送部隊上空警戒ニ付　特ニ配慮得度シ」

その夜のショートランドはあたたかく、心地よかった。午前零時前後に下弦二日か三日の月が出るが、それまでは墨汁をぬりこめたような暗さがあたりにたち込めた。ガ島突入にはまたとない暗さである。死んだように静まり返った黒一色の海面から、深沈とした自然の精気が、大きな山や森に入ったときと同じように、惻々として伝わってくる。

八隻の駆逐艦はこの間にも着々と出撃準備をととのえる。駆逐艦はそれぞれ艦独得の雰囲気をもっており、それはいろいろな面で違っていたが、また多くの面で共通点をもっていた。乗組員は自分たちの仕事に熟達していたし、日頃の訓練そのままに正確に、冷静に、自信をもってその責任を果たしていた。与えられた命令を守り、ただ忠実にそれを実行する下士官兵。見張員は両脚を大きくふんばって大きな双眼鏡にとりついていたし、伝令員は力をこめて、号令を復唱していた。水雷科の下士官は暇がありさえすれば右手に箸を立てて片目をつぶっている。箸は、魚雷発射指揮所の望遠鏡のなかについているタテの線の代わりである。かれらはこの線と敵艦の艦橋が重なりあったほんの一瞬間を狙う。かれらはこうして絶えず〝そのとき〟のために眼をこらし、声をからし、手に汗をにぎる。かれらはすでにして、夜、全速で敵主力に突進する艦の、痛いような飛沫と風を、そのときに感じてしまっているのである。

かれらはもうだれも祖国への便りを書こうとしなくなっていた。遺書のつもりでこれまで何度も書き、そのつど、生きて帰って自分の遺言を読む照れくさい想いを味わっていた。いまは出撃が日常なのである。出撃が日常なら、死もまた日常となったが、かれらは死に馴れ、図々しくなっていた。そしてほかの艦はともかく、おのれの艦が沈むはずはない、と信じきっている、かのように振る舞った。腹の底はともかく、だれも不運を口に出すものはなかったのである。

2 出撃

11月30日〇一〇〇 針路四五度 速力24ノット
第一五駆逐隊一番艦・親潮

錨が一リンクずつ巻き揚げられ、しずくを垂らしながら夜の海の底から錨鎖室におさめられた。こんどの出港も、出発前の準備もふだんと変わるところなくはじまった。過去の幾たびかの任務につきものの普通の作業である。航路も決められたし、昼間の第一警戒航行の陣形も、夜の第二警戒航行序列もいつものとおり。ただ違っているのは、後部魚雷発射管あたりからぐるりと艦尾にかけての両舷甲板、舷側にそってU字型にドラム缶がならべられていることであった。十一月三十日零時四五分隠密裡に出港、晴れた夜空にまたたく星に見送られて、ブイン北水道を速力一八ノットで第二水雷戦隊はぬけた。先頭に立つは第一番隊の一番艦親潮である。以下黒潮、陽炎、旗艦長波、第二番隊の高波、巻波がこれにつづき、しんがりを第三番隊の江風、涼風がつとめる。単縦陣列、各艦の開間隔は六〇〇メートルと決められている。部隊は第一警戒航行序列が発動されるまで、この順序で前進する（戦争中、日本軍は全作戦地域において日本時間で統一していたが、ここでは東経一六五度の現地時間を採用する。その差日本と約二時間、したがって日本側の記録では出撃を二十九日の二二時四五分とするものが多い)。

厳重な灯火管制のもとに戦隊は粛々として北への道をとった。初めてのドラム缶輸送であり、駆逐艦八隻の小兵力、しかも戦闘力は魚雷の陸揚げで半減している。突入まではあらゆる点でアメリカ軍の意表に出るほかはなかった。

しかし、どのように日本海軍が企図を糊塗しようとも、アメリカ軍はすでに日本部隊のガ島突入計画についての確実な情報を手中につかんでいた。南太平洋方面司令長官〝猛牛〟ハルゼイ大将は二十九日夕刻、第六七機動部隊にあて、駆逐艦八、輸送船六の日本艦隊が三十日未明ガ島に突入の恐れありとし、厳重警戒電を打電していた。全軍がこれを傍受する。エスピリッツ・サント基地の重巡戦隊司令官カールトン・H・ライト少将もこれを受けると、ただちに全軍に出撃の命を発した。第六七機動部隊は六〇〇浬も離れた洋上にあって予定される迎撃戦闘には間に合わない。戦場はガ島とサボ島の間、時刻は三十日二三時ごろになると想定された。ライト少将の重巡戦隊はその時刻と場所に合わせて、早急に作戦をうちたてた。進撃航路は、最短距離を選ぶこととする。サン・クリストバル島の東をかすめ、インディスペンサブル海峡を経てレンゴ水道を通りぬける。

ライト少将は、いまや予定される戦場で好敵手たらんとする田中少将より一歳年長の一八九二年アイオワ州生まれ、海軍兵学校を出てから重巡洋艦専門に生きぬいてきた生っ粋の砲術家である。開戦時には重巡オーガスタ艦長、そしてこの年の七月重巡戦隊司令官に昇進した。ただ戦闘はじまってこの方ずっと同じ戦場にあった田中少将と異なり、ガ島の戦場へは、つい二日前に着任したばかりの不馴れというハンディキャップがあった。

しかし、少将は自信満々。三十年になる第一線の海軍生活と重巡の主砲の威力がかれを恐れを知らぬ闘将に仕上げている。かれは全軍に対して出撃準備を急がせる。かれの作戦図には全体的な戦闘隊形から、細かい弾薬や燃料の補給、さらには戦闘配食の時間にいたるまでが、大きな歯車を中心にして描き出されている。

ガ島を中心点にして東南のライト艦隊とほぼ六〇〇浬離れた西北の暗い海面——田中部隊の一番艦親潮の艦橋では、航海士・重本俊一少尉が南半球を吹きぬける心地よい夜風にその若い頬をなぶらせている。さっきまで、かれは艦橋後部の海図台に大きな南方要図をひろげ、黙々として航跡をそれに書き込んでいた。〇一〇〇(マルヒトマルマル)、45 24Kと記入したのはどのくらい前のことであったか。午前一時、針路四五度、速力二四ノット、部隊は若い少尉の記した針路速力で、真っ白い航跡と機関の快いうなりをあとに残して、闇の中にとけ込んでいく。

重本少尉は海軍兵学校七十期、昭和十六年十一月に卒業すると重巡妙高（みょうこう）乗り組みを命ぜられ、すぐ開戦を迎え、翌年二月親潮に転じた。かれが親潮とともに戦ったのは、十七年二月下旬のジャワ攻略支援の機動作戦にはじまり、カガヤン攻略作戦（四月）、ミッドウェイ作戦（六月）、インド洋方面通商破壊（七月）と重なったが、奇妙に少尉の脳裏からは、これらさまざまな作戦の記憶が薄れてしまっている。それはその後につづくソロモン海での死闘が、あまりにも強烈な印象を少尉に与えているからにほかならない。

駆逐艦親潮は、昭和十五年八月二十日に舞鶴工廠で竣工した陽炎型駆逐艦の四番艦である。起工は昭和十三年夏、進水はその年の十一月二十九日。この前の年、日本海軍は軍令部二部三課を中心に第三次艦艇補充計画いわゆる㊂（まるさん）計画を立て、それまで軍縮条約の制限のために無理をしてきた、その手かせ足かせから解き放たれた軍艦設計および建造をはじめた。アメリカの量に対して質で対抗するために、とぼしい国力の日本の技術陣はもてるだけの智力と努力を傾注した。陽炎型駆逐艦はそうして生まれ出た傑作の一つであった。

しかし、それだけでなく、陽炎型駆逐艦というものをよりよく理解するために、歴史を振り返ってみる必要があろう。なぜなら、この駆逐艦の優秀性もまた用兵思想も、すべてが血と汗の歴史のページの裏側から、読みとることができるからである。問題は、一九二二年（大正十一年）のワシントン軍縮会議までさかのぼる。この会議場のテーブル上において、日本海軍は戦艦土佐（とさ）以下十四隻をあっという間に沈められてしまった。そしてこの卓上海戦の結果、日本海軍はいわゆる五・五・三の比率をカバーし、来攻するアメリカ艦隊を迎え撃つ艦隊主力決戦において、日本海海戦のような勝利を確実にするためには、少なくとも敵主力艦の四〇パーセント近くを想定された決戦場到着までに撃沈するなり、戦闘力を失わせておかねばならないという、きびしい現実の前に立たされた。これがワシントン会議から後の、日本海軍戦略の根本になったのである。このため、その後の日本海軍の建艦方針は、

一、新鋭二〇センチ砲の一万トン巡洋艦群
二、超優秀性能の駆逐艦群
三、水力速力高く航続能力大な潜水艦群

の三本立ての実現にしぼられ、その必死の努力が傾注されることになった。

そして駆逐艦においては、六一センチ魚雷九射線、一二・七センチ砲六門、速力

三八ノットと、それまでの駆逐艦と比べると、砲力・魚雷力ともに五〇パーセント増、しかも速力はすえおき、また艦型の大型化は肉迫攻撃のためにものぞましくないという〝悲壮〟なほどに技術陣の努力を要求する註文となってあらわれた。このため、造機、造兵そして造船技術者はあらゆる困難をのりこえて努力した。そして昭和三年六月第一艦が完成、昭和七年までに合計二十四隻におよぶ「特型」すなわち吹雪(ふぶき)型駆逐艦が、日本独自の設計になる駆逐艦として誕生したのである。

こうして特型駆逐艦がぞくぞくと完成しているころ、各国における制限のない補助艦建造競争は火の出るような熱気をはらみ、ワシントン海軍軍縮条約の効果を一挙に薄れさせた。そこで再び一九三〇年（昭和五年）四月、ロンドンにおいて補助艦の軍縮協定が結ばれることとなり、日本の駆逐艦はこれより後は一五〇〇トンより小さいものでなければならないとされた。

しかし、ロンドン会議の協定がどうであろうと、連合艦隊の戦技訓練あるいは海軍大学の兵学研究の結果からみれば、艦隊決戦用の駆逐艦としては、特型駆逐艦のもつ魚雷九射線、一二・七センチ砲六門、速力三八ノットは一歩たりともゆずれないという必要条件が残された。といって、排水量一五〇〇トンの駆逐艦にいかにしてこの重武装をもち込もうというのであろうか。

そして、同じような極端な要求が、ロンドン条約の制限にひっかからない新造水雷艇にも強いられた。六〇〇トン以内の排水量で、二等駆逐艦なみの武装を与えよ。そうした無茶ができるはずはなかったが、無理は初めからわかっている。その無理と不可能を「日本精神」で超えようというのである。冷徹なる科学の法則の支配する世界に、狂信ともみえる精神主義がもち込まれると、一体どんな結果を生むか。日本海軍造艦史のダーク・イヤーはこのとき間近に迫っていた。天は、容赦ない鉄槌を日本海軍の頭上にふりおろしてきた。

昭和九年（一九三四年）三月十二日、水雷艇友鶴（ともづる）が荒天のため五島沖の海面で転覆した。船に強いた無理が、船の生命ともいうべき復元性能を奪っていたのである。殉職者九十八名、艦内の壁の白い部分に乗組員の最後の叫びが、悲しい文字となって残され、救助隊の懐中電灯の丸い光のなかに浮かんだという。

この転覆事件は、限度を超えた狂熱と夢想を、常識と冷静さの線に引き戻した。計算によって成り立つ技術の世界に、どんな魔術も入りこめる余地はなかった。転覆の原因が造船構造上の欠陥にあることはだれもが認めるところとなったが、最終的な責任を負わなければならないのは、過大な兵装を要求した軍令部そのものではなかったか。ともあれ、この転覆事故によりあらゆる建艦工事は一時中止され、基本設計の再検討が命ぜられた。しかし、鉄槌はそれだけではなかった。

さらに翌年の九月、海軍の秋の大演習のとき、津軽海峡東方海面で、臨時に編成された第四艦隊(赤軍)が平均風速四〇メートル、瞬間的には五〇メートルに達し、波の高さ二五から三五メートルという猛暴風圏に突入し、駆逐艦睦月の艦橋に三角波が体当たりすると、このくろがねの建造物が崩れ落ちるという非常事態が起こった。被害はそれだけにとどまらず、最優秀艦と折紙つきの特型駆逐艦初雪の艦首が、叩きつける三度の三角波の衝撃音とともに、あっという間に怒濤に運び去られてしまった。艦首が千切れとんだのは初雪だけではなかった。同じ特型駆逐艦夕霧も同じ運命に見舞われていた。風浪で、あらゆる建造物のなかでもっとも強いはずの鋼鉄の艦が引きちぎれるというのは、想像を絶した出来事であった。死者および行方不明は総計五十四名におよんだ。

友鶴転覆以上のショックを日本海軍は与えられた。

「友鶴事件で、それでは復原力に欠ける艦艇がいくつあるのか、という身の毛もよだつ疑惑に襲われ、この疑惑が、まがりなりにも徹底的な再検討と大改造で、もう大丈夫という自信に転化したが、こんどは艦体強度の上により大きな不安が生じたのである」と堀元美氏はいう。

一難去ってまた一難といった安易なものではない。日本の技術はどん底に叩き込まれた。原因を突きつめていくのと並行して、艦体強度計算の再検討、さらにほかの特型駆逐艦に対する再手術もすすめなければならなかった。日本海軍は苦難のときを迎えた。艦政本部の灯りは連日のように夜どおしついていた。それが何を意味していたか、サイレント・ネービーは語らなかったし、国民のほとんどは知らずじまいであったが*……。

*友鶴事件、第四艦隊事件については堀元美氏『駆逐艦』、古波蔵保好（こはぐらやすよし）氏『航跡』がくわしい。

駆逐艦には三つのSがとくに大切だと、堀元美氏は名著『駆逐艦』のなかにいう。Strength（船体強度）、Stability（復原性能）とSpeed（速力）である。こうして、友鶴事件、第四艦隊事件を通し、日本海軍の小艦艇は三つのSについて、自然の猛威から徹底的な試練を与えられたのである。どうにかなるさという楽観主義、日本人にできないはずはないという精神主義――責任ある人々におよそふさわしくない、あってはならないものの考え方は、天の力によって痛烈に海底に叩きつけられ、多数の人命を怒濤のなかに葬るという失態をあえてした。駆逐艦陽炎型はその試練と苦難と犠牲の上に花開いた傑作艦であったのである。

ワシントン海軍軍縮条約脱退（昭和九年十二月三十一日）につづいて昭和十一年一月十五日、日本はロンドン軍縮条約の破棄を宣言した。世界的孤児の道をみずから歩もうと決意したのである。その翌年の九月、陽炎型の第一番艦陽炎が舞鶴工廠の船台の上にキールを乗せた。駆逐艦はもともと舞鶴工廠で第一番艦を建造し、のち佐世保工廠、民間造船所がこれにつづくのを例とする。

基本計画は牧野茂技術中佐が担当した。中佐は大正十四年に東大船舶科卒、ただちに海軍に入り、それまでも各型の駆逐艦(特型→初春型→白露型→朝潮型)に関係してきた俊秀である。いまでもロンドンの造船評論誌が「世界の造船官ベスト・テン」のなかにあげている技術者である。牧野技術中佐(後に大佐)は「㊂計画で軍令部が要求した駆逐艦の要点は、大きさが、行動の隠密性と襲撃時の操縦の軽快性とから、特型より大きくないことと強い条件があり、兵装は一二・七センチ砲六門、九三式魚雷発射管四連装二基で満足とされ、速力は三六ノット、航続力は一八ノットで五〇〇〇浬というものであった」と当時のことを述懐している。

しかし、艦の長さを特型どおりとして公試排水量を二五〇〇トンにおさえると、速力を三五ノットとするか、航続力を四五〇〇浬に減らすか、そのいずれかにしなければ成り立たないことが計算上から判明した。無理や精神主義は通らなかった。軍令部は苛酷な要求を出すわけにはいかず、速力三五ノットと条件を下げることを承知した。

「設計にあたって最初に考えたことは……」と牧野技術中佐はつづける。「こんどこそ初めから間違いのない、立派な基本計画をやらねばいけないということであっ

陽炎型駆逐艦（陽炎、黒潮、親潮、早潮と同型艦）

た。復原性能でも、強度でも、事故を繰り返さないため設計基準がすでに設定されていたが、それが真に合理的かどうかを検討し、合理的設計の出発点としたいとも考えた」。

すべてが合理性によってつらぬかれた。技術の世界にはウソはない。多くのたがいに矛盾する要求を調和し、バランスのとれた艦にまとめ上げるのは、決して容易なことではなかった。が、日本の駆逐艦三十五年にわたる歴史の体験を集結して、さらに新しい才能が加わってつくり出されたものが陽炎型駆逐艦であった。三つのSに加えてSmartness、いまでいう〝かっこよさ〟をも兼ね備えた強力艦がこうして出現したのである。

基準排水量　二〇〇〇トン
公試排水量　二五〇〇トン（燃料2/3搭載）
水線長　一一六・二〇メートル
最大幅　一〇・八〇メートル

馬力　五万二〇〇〇
速力　三五ノット
航続力　一八ノットで五〇〇〇浬
兵装　砲五〇口径三年式一二・七センチ二連装三基
　　　機銃九六式二型二五ミリ二連装二基
　　　魚雷九二式四型四連装発射管二基、九三式六一センチ魚雷一六本
　　　爆雷九四式爆雷投射機一基、九一式爆雷三六個

陽炎型駆逐艦は㊂計画で十五隻、昭和十四年を初年度とする軍備充実計画により三隻の、合計十八隻が太平洋開戦までに建造された。いま、航海士・重本俊一少尉の乗艦する親潮とともに、二水戦の第一番隊第一小隊二番艦として夜の海をわけて進撃する僚艦黒潮も陽炎型であり、そして第二小隊一番艦の陽炎は——いや、この艦こそはその名の示すとおり陽炎型のネーム・シップである。そしてこの陽炎型が二水戦の、いや、日本の水雷戦隊の主力なのである。

ガ島に向かう田中部隊は、すでにチョイセル島の北端を通りすぎ、クンバカル山の突兀(とっこつ)たる山影を大望遠鏡の視野のなかにおさめている。この山が見えなくなるころ、部隊は針路を東にとる、と航海士・重本少尉はもう一度電令作の進撃路を脳裏

に刻みこむ。目的地をあいまいにし、あくまで敵の眼をくらまさねばならない。それにしても、と妙なことを重本少尉は闇の海面におどる白波を見ながら考えてみる、陽炎が一五駆逐隊に加わってきたのは、一体、いつのことであったろうかと。一五駆逐隊は開戦時には親潮、黒潮、早潮（はやしお）、夏潮（なつしお）の四艦で編成されていたが、夏潮がまずメナド攻略部隊護衛作戦のとき、昭和十七年二月八日マカッサル沖において敵潜水艦に雷撃されあっけなく沈んでしまった。そのあとすぐに陽炎が加わってきたのか。それとも、もっと後のことであったろうか。

真っ暗な艦橋中央には当直将校の砲術長・山本隼大尉が立って前方を注視していた。三直警戒で、二時間当直に立って、四時間休む、というのは原則である。が、とても、まるまる四時間は休めない。その間に居住区に戻り、食事をしたり処理しなければならない雑用もある。交代の前には身仕度、心の仕度もある。休むとしても正味三時間、これが可能な連続最大限の休息時間。駆逐艦乗りとは、この三時間の休養に馴れるということだと少尉は思う。この要領を会得したとき、初めて一人前の駆逐艦乗りといえるのである。しかも戦闘航海中となるとほとんどの上級将校は休めず、当直が終わっても南十字星と夜風の艦橋から降りることはできなかった。それゆえに航海長・久保田大尉、水雷長・斎藤哲三郎大尉らの姿など、さがすまでもないことであった。かれらは艦橋の端の方に腰を降ろしながら、とっさの事態にそなえている。

それにしても、陽炎が親潮と一緒になるまで組んでいた駆逐隊は一体どうなったのであろう、ほかの三艦はどこへいったのであろう、と重本少尉の艦橋でのとりとめのない思念はつづいていた。どんなにすぐれた性能を個艦がもっていようとも、結果はチームワークのとれた総合戦力が勝負となる。それがソロモン海域での激戦の様相なのである。そして個艦の性能を超えて、数の力が、結局は戦闘の決定的要素となる。重本少尉の若い、たえず生き生きと息づいている心のすみに、暗いものが突如として現れて、少尉を息苦しくする。日本海軍が敗けているとは信じられない。だが、現実には、日一日と行動は狭められ、僚艦の姿が失われていくのであった。

そしてこんどの作戦でも、はるかに数の多い、もっと強力な敵艦隊がガ島付近で待ち伏せていたら、魚雷を半分降ろして戦闘力半減のわが部隊はどうなることか、と少尉は思う。全滅？　それは決してあり得ないことではない。よかろう、そのときにはいさぎよく水漬く屍となるまでだと、重本少尉は覚悟を決めてしまえば、また心も安らかになる。

部隊はやがて針路を八〇度にとった。第二戦速。暗黒の果てに拡がる海と空、その下の静寂、だれもがその恐ろしいほどの迫力に打たれているかのようである。

3 魚雷

〇三三〇　針路八〇度
第一五駆逐隊二番艦・黒潮

田中少将指揮の二水戦が針路を八〇度にとったのは、チョイセル島がはるかに遠ざかったころである。これまでのガ島輸送作戦の北方航路よりやや針路を北東に向けたのも、意図を最後まで隠蔽しておくためにほかならない。針路は、真北を零度とし時計の針の方向に細かく角度をきざんで、それによって明示する。真東は九〇度であり真南は一八〇度ということになる。

このころ、各艦で夜間雷撃戦の訓練が発動された。日本の部隊は常に猛訓練に生きている。月月火水木金金はむしろ戦場にあってより生き生きとする。

「戦闘用意、配置につけッ」の号令によって、各部が配置につく。一五駆逐隊二番艦黒潮（くろしお）のいままで静かだった艦橋は生き返ったように溌剌（はつらつ）たる動きを見せる。「合戦準備、夜戦に備え」と伝令が拡声器の前で声をはりあげ、ブザーが断続した。伝令の発声一つがすなわち訓練であった。水雷長が魚雷戦の指揮をとる。

「右魚雷戦、同航する敵の三番艦」

仮の敵を想定すると、四連装の魚雷発射管の青竹をななめに削いだような発射管口が右に回りはじめる。魚雷は大砲と異なり、自由に砲身を回して射撃するようにはできていないから、右の敵に対しては右九〇度に角度を固定しておき、できるだけ敵に肉迫して艦を大きく右に変針させ、計算された最適の方位角に発射管が向いたとき、射手がボタンを押すのである。瞬間、艦尾の方から魚雷が一本ずつ二秒回隔で撃ち出され、魚雷はそれぞれ一度の開きをもって開進するよう計画されていた。そして、最適の射点とは方位角六〇度付近。

「右四五度の敵は左に変針しつつあり」

航海長が仮想の敵情を報告する。「敵までの距離八〇(八〇〇〇メートル)」と測距儀は仮想の距離を算出する。さらに敵の針路、速力が観測され、この方位角と距離と速力によって水雷長は命中射角を計算する。艦を最良の射点に占位するのは艦長の責任であり、最良の命中射角で魚雷を発射するのは、水雷長の任務である。

「魚雷深度五(メートル)、雷速五〇(ノット)」

調定諸元が魚雷に調定される。突撃である。仮想敵はいよいよ近づいた。「発射用意」。方位盤照準の中央に仮想敵艦が入ろうとする。「いまでーすッ」と水雷長。艦長がいう「発射はじめ」。すぐに水雷長が復唱して叫ぶ。「発射ッ」。発射双眼鏡の中央の十字線と目標が一致し、管制器の発射ブザーが響く。射手が大声でいった。

「ヨーイッ、撃て！」

訓練はこれで終わる。艦長・竹内一中佐は艦橋の艦長用の椅子（将兵はこれを猿の腰かけとよんだ）に腰を降ろして、きびきびと、流れるように号令が虚空に消えていくのを、すばらしい間奏曲を耳にするかのように聴いていた。訓練は、黒潮が大阪の藤永田造船所で昭和十五年一月二十七日に竣工していらい、絶え間なく、夜昼を問わずつづけられてきた。しかし、と竹内艦長は自問自答した、実戦で、まだわが黒潮は一本も魚雷を撃ってはいない。開戦いらい、度重なる作戦に黒潮は参加してきたが、魚雷を発射する機会には恵まれていないのが残念である、と。

黒潮も陽炎型三番艦として肉迫夜襲魚雷戦用の本格駆逐艦として誕生した。開戦いらいの作戦行動は僚艦親潮と一にする。緒戦においてはフィリピン攻略作戦の支援隊として参加、つづいて十二月中旬から翌十七年二月にかけてダバオ攻略作戦、メナド攻略作戦、ケンダリー攻略作戦と戦い、二月下旬にはジャワ攻略のためにジャワ南方機動作戦に従った。この間あげた戦果、十六年十二月十二日アイオリコ水道において潜水艦一隻撃沈確実、同じく十九日サンオーガスチン岬沖にて潜水艦一隻撃沈、積載する爆雷の大半を使い果たした（水軍戦史にはいずれもその損害記述は見えない)。さらに十七年三月十五日イギリスの掃海艇をジャワ島沖で撃沈した。

ガ島作戦参加まで戦うこと九カ月の歳月を、ほとんどが上陸部隊支援艦隊の一艦として黒潮は東奔西走してきた。開戦このかた黒潮に乗って竹内艦長は海上生活を過ごし、長い間、魚雷と一緒に暮らし、あらゆる場面で魚雷を使いこなす訓練をつづけ、敵戦艦部隊に向かって肉迫し魚雷を叩き込んで刺し違える日の、その一瞬を夢みてきたが、いま黒潮が直面している戦場はそんな勇壮なものではなかった。大切な魚雷八本を陸揚げして、代わりにドラム缶を積んでいる。戦うために身を海軍に投じたはずの身が、いつか運送船の親方になっていた。竹内艦長は、下士官兵たちが高声でいい合っていた言葉をふと思い出し、思わず猿の腰かけでくすりと笑った。

「こんどは大荷物を運ぶのだから、ネズミ輸送でなく、〝丸通〟と改名しようぜ」

なるほど、と思う。が、たとえ丸通にまでわが身を落とそうが、この運送なしには二万の陸軍が南の孤島で空しく餓死するのである、とあっては、いまは不平不満も押し殺さねばならないときなのであろう。生命がけの丸通こそが、主作戦と納得すべきときであった。それにしてもなんと多くの駆逐艦が盆踊りやネズミ輸送をやりながら傷つき、あるいは沈んでいったことか。制空権なきガ島争奪戦が生起してから、日本の水雷戦隊の記録は字義どおり死屍累々の死戦の連続なのである。

八・一九　秋風（峯風型）空襲により中破
〃　萩風（陽炎型）空襲により後部大破
八・二二　江風（白露型）空襲により小破
八・二五　睦月（睦月型）空襲により沈没
八・二八　朝霧（吹雪型）空襲により沈没
〃　白雲（吹雪型）空襲により航行不能、曳航さる
〃　夕霧（吹雪型）空襲により大破
一〇・五　峯雲（朝潮型）空襲により至近弾を受け艦首部大破
〃　村雨（白露型）空襲により左舷前部小破
一〇・一一　初雪（吹雪型）夜戦――小破
一〇・一二　吹雪（吹雪型）夜戦――沈没
〃　夏雲（朝潮型）空襲により沈没
〃　叢雲（吹雪型）空襲により沈没
一〇・一四　五月雨（白露型）空襲により小破
一〇・二四　秋風（峯風型）空襲により機関部中破
一〇・二六　秋月（秋月型）空襲により小破

一〇・二六　照月（秋月型）空襲により小破
一一・七　長波（夕雲型）空襲により中破
〃　高波（夕雲型）空襲により中破
一一・八　望月（睦月型）魚雷艇の攻撃を受け中破
一一・一三　暁（暁型）夜戦――沈没
〃　夕立（白露型）夜戦――沈没
〃　雷（暁型）夜戦――小破
〃　村雨（白露型）夜戦――直撃弾を受け中破
〃　天津風（陽炎型）夜戦――小破
〃　満潮（朝潮型）空襲により大破
一二・五　綾波（吹雪型）夜戦――沈没
一二・一八　海風（白露型）空襲により火災、中破
一二・二四　早潮（陽炎型）空襲により沈没
一二・二九　巻雲（夕雲型）空襲により小破
〃　白露（白露型）空襲により直撃弾を受け中破

これらの艦は訓練につぐ訓練を重ね、うぬぼれでなしに、いかにも駆逐艦らしい

公認級の武器をもっている。猛訓練による戦法、とくに夜襲戦法とか、暗夜の透視力とか、大砲の命中率とか、それに何より艦長から一水兵にいたるまでの任務に忠実なチームワーク、荒々しくもあり、また渋くてスマートな気風であり、利害ぬきで将兵の心と心がしっかりと結び合っていた。

そしてまた、これらの駆逐艦には強力無比な魚雷が積み込まれていた。直径六一センチの最新式、九三式無気泡酸素魚雷。スチールを磨いただけで塗装もない九メートルの胴体が、にぶい銀色の光を放って、敵艦に食い込むときのくるのを発射管の中に待っている。乗組員は、日本の魚雷がアメリカの魚雷に比べて航走距離は四倍、速力は一・五倍、破壊力は二倍と教えられ、またこれが軍機（軍事上の機密）兵器であることも知らされていた。

ふつう魚雷は圧縮空気と燃料と清水でエンジンを動かし、推進器を回し自動操舵（縦、横舵）で水中を一定の速度と深度で走る。これが空気魚雷である。酸素魚雷は空気の代わりに酸素、清水の代わりに海水を使った。原理はかんたんなこと。酸素がよく燃えることは中学生の常識で間に合うのである。だがその応用となるとそんなに容易なことではない。純酸素は爆発物だからである。酸素魚雷は大正時代から世界の海軍国は挙げて研究し、どの国も「殺人的危険物」としてついに開発を放棄してしまった。それを日本海軍だけがひそかに開戦前に完成させていたのである。

——昭和四年、艦政本部は一通の通牒により中断していた酸素魚雷の研究実験に踏み切った、と記録にある。主体となるのは呉の海軍工廠魚雷実験部、その責任者は大八木静雄造兵少佐といった。大八木少佐（後に技術少将兼東大教授）は「当時、呉の工廠には後に九〇式魚雷と名づけられた六一センチ、四六ノット、射程七〇〇〇メートル、炸薬量四〇〇キロの魚雷があり、これが実験に供されていた。そこでわれわれの研究は、これを使って、空気五〇パーセント、酸素五〇パーセントの原動力素で、三八ノット、射程二万メートルにおよぶ遠距離魚雷に主点をおいてみた。まず初めは空気魚雷と同じく空気と燃料を化合させて着火し、あとから酸素を送り込む方式をとって、酸素魚雷のいちばんの難点である着火時の爆発を防止する着想を得た」と語っている。

わかってみればいつの場合でもコロンブスの卵である。そして成功の女神は常に創意と工夫と、たゆまぬ努力の上に光を与え給うのであった。昭和七年、実験は成功した。これが実用に適するとわかれば、それでもう十分である。

「そのころ関係部員たちはだれひとり官舎へ帰るものはなく、全員泊まり込みで、文字どおり寝食を忘れた日々だった」

と大八木氏は述懐している。

昭和八年、日本だけが使っていた紀元年号でいえば紀元二五九三年、待望の酸素魚雷の試作魚雷が完成された。その重要な点は、燃焼室の着火方式と、操舵空気をどうするかということであり、そこで、着火兼操舵空気室をもうけて、着火は空気で行い、次第に酸素の混合比を増していくように設計された。純酸素に進むまで四段階として呉工廠で実験成功の空気五〇パーセント、酸素五〇パーセントの混合ガスと石油を使い、また燃料室内の冷却には海水を使用するものであったという。ともあれ実験は成功したのである。誤って爆発したら、日本海軍の至宝の技術者は全部吹っとんでしまう。しかし魚雷は無心に走り出した。しかも高速である。人々が見合わす眼にはきらりと光るものがあった。万歳を叫びたくとも声の出ないほどの歓びの深さがあった。

その後も研究はつづけられた。純酸素を使用する研究が強力に推しすすめられ、昭和十一年ついに雷速四十九ノット、射程二万メートル、炸薬量五〇〇キログラムという、世界一の能力を秘めた酸素魚雷が誕生する。しかし酸素魚雷は軍機であった。酸素という言葉そのものが禁句となった。第二空気または特用空気と関係者は呼んで秘密保持につとめた。正式兵器として採用されたのは昭和十一年からであるが、その実験開始の紀元年号にちなんで九三式魚雷と公称されることとなった。

酸素魚雷のおどろくべき威力の一つは炸薬量の大、射程の長ばかりでなく、ほとんど雷跡を残さないことであった。空気魚雷の場合は、空気中の七七パーセントに達する窒素そのほかの不燃焼物が水面に排出されて気泡の糸をひくが、酸素魚雷では排出されるのは主として水蒸気と炭酸ガスだから、この大部分は海水に溶けてしまうのである。雷跡がなければその発見は困難となり、小波でも立っている海面、あるいは月のない夜なら発見はほとんど不可能といってよい。威力を米英魚雷の三倍といったのも、あながち誇大な宣伝ではなかったであろう（次ページ表参照）。

それだけにこの九三式魚雷は駆逐艦の生命となる。駆逐艦はこれを撃ち込むために、ぺなぺなな鉄板の箱に巨大な機関を乗せて荒海を走り回る。たとえば陽炎型の駆逐艦の船殻重量（船体の重さ）は全排水量の二七パーセントでしかない。武装しない艦の重さである。速力を上げるため、航続力を伸ばすため、砲力を増すため、なかんずく魚雷戦での最大の効果を上げるため、駆逐艦はすべての余裕と贅沢とを切り捨てたのである。剛強にして機敏、「スマートで目先が利いて几帳面、負けじ魂、これぞ船乗り」というが、駆逐艦乗りはまさしく本当の船乗りではなかったか。戦艦のお屋敷住まい、重巡の文化住宅住まいなどくそ食らえなのである。肩のこりそうなかみしも的格式と分別は、駆逐艦乗りには我慢がならぬ。ざっくばらんで親しみやすく、ハッピに突っかけ草履といった親近感が、駆逐艦のとっておきの個性ということになる。

国　名	直径(cm)	質量(kg)	雷速と射程(ノット)(メートル)	炸薬量(kg)	名称
日　本	61	2,700	50 で 20,000 40 で 32,000 36 で 40,000	500	93式
アメリカ	53	1,300	48 で 4,000 32 で 8,000	300	MK14
イギリス	53	1,450	46 で 3,000 30 で 10,000	320	ホ式
ドイツ	53		44 で 6,000 40 で 8,000 30 で 14,000	300	

黒潮艦橋にあって竹内艦長は、この小さな艦が大戦艦を轟沈(ごうちん)させるだけの武器を積み、しかも荒波を見事に乗りきる凌波(りょうは)性をよくぞ備えているものよと、いまさらながら日本の建艦技術に目をみはる思いを味わっている。黒潮が波に頭をのまれたのを見たことがなかった。

ときどき「右前方異状なし」などという見張員の緊張した声が、艦橋の静寂を破った。美しくまた底深い静かさ。聞こえるものは快調を伝える機関の音と、艦首にくだける波のざわめきのみである。

田中部隊は前進する。すべての艦の、すべての乗組員は、ふだんとかわらぬ任務と作業をしていたが、それは間もなく訪れる死への直進であることを、言わず語らずのうちに覚悟する。そう思ってみれば、一分一秒にも、小さな動作にも、おのずと悲愴感が湧いてくる。歴史の現場はいつもさりげない動きを示すというが、かれらの航進はその歴史の一ページへの参加であることは間違いない。乗組員のさりげない動きも、それはそれで、一つの意味をもつのであろうか。

「左前方異状なし」

見張員の声がまた静寂をわずかにかき乱した。

4 航進

〇六一六　日出　速力24ノット
第二四駆逐隊一番艦・江風

八隻の縦陣列、七番目をいく駆逐艦江風（かわかぜ）の水雷長は自分を幸運な男と思っている。ソロモン海で苦闘する味方の駆逐艦の多くが、世界一を誇っている酸素魚雷を抱きかかえたまま、いまだ実戦場で一回の発射機会も得ず、脾肉（ひにく）の嘆（たん）をかこっているとき、かれはすでに三回も敵艦に向けて発射していた。武運の冥利これに越すものはない。しかし、いささかの無念も残らぬでもないと、かれは反省の心を少しく抱くのである。

水雷長はその華々しき最初の雷撃を回想する――あれは、忘れもしない、二月二十七日のスラバヤ沖海戦においてであった。この日ジャワ島攻略の陸軍を輸送する船団四十一隻を、二水戦と四水戦が護衛し、江風は僚艦山風（やまかぜ）とともに支援部隊の五戦隊（重巡那智（なち）、羽黒（はぐろ））の直衛としてスラバヤの北西クラガンに向かっていた。

出撃してきた巡洋艦五、駆逐艦九の敵艦隊とわが艦隊が遭遇したのは一六時一二分。戦闘旗が前檣に風にあおられて揚がった、とみる間に、距離二万五〇〇〇ぐらいで巡洋艦同士の砲戦がはじまった。砲戦では日本艦隊の不利はまぬかれない。西へ西へと避退しつつ戦う間に敵艦は船団の近くまで迫り、このまま日没まで船団の被害を忍んで戦うか、それとも不利を承知の昼間強襲を敢行するか？　二者択一をせまられた五戦隊司令官・高木武雄少将は、断乎突撃を選んだ。二水戦（旗艦神通、駆逐艦八）と四水戦（旗艦那珂、駆逐艦六）は大回頭すると、奔馬の猛るように敵艦隊に向かって最大戦速で突進を開始したのである。江風はもちろんそのなかの一艦。

　距離八〇〇〇、まさに決戦のとき、林立する水柱を縫うように先頭艦より回頭し、各艦はいっせいに全射線を発射した。方位発射一斉集中射法。百数十本の魚雷が扇形にひろがり、敵全艦隊を網の目のようにおおった。あとは何本火柱が上がるかを見るだけであるとだれもが確信した。……が、結果は、なんということか命中なし。戦果ゼロという惨憺たる結果になった……。味方魚雷のうち数本が二、三度水面跳躍し間もなく爆発したのが望見されたという……。

　水雷長の回想はつづく——第二回目の発射は翌々日の三月一日のこと。スラバヤ沖海戦で損傷した英巡エクゼターはいったんスラバヤに逃げ込んでいたが、損傷を応急修理したうえ駆逐艦二隻をともない、脱出を企図した。北方海面を警戒中の第五戦隊はこれを発見、追いつめながら再び砲戦が開始された。江風も山風とともに突っ込んだ。そして好射点から節約して魚雷二本を発射した。こんどこそはと思ったが、このときもまったく戦果なしで終わった……。

一度ならず二度までもの失敗に、水雷長はおのれの腕を疑い、大いにくさった。第一回の長遠距離魚雷戦はともかく、二回目はまたとない射点であった。夜の目も寝ずに魚雷調整に心血をそそいだ水雷科員に対し、また射点につくために弾雨の危険をおかして突進する乗組員全員に対し、合わせる顔がないと、水雷長は深く恥じいった。海面には撃沈された敵艦隊の溺死者が現れては流れ去って、戦闘の悲哀をさそった。白くふくれ上がり、胴から上のないもの、首の落ちたもの、両腕のないものもあり、みなライフ・ジャケットを着けていた。死体が眼に入ると、将兵はあわてて眼をそらした。ふと水雷長も、魚雷の命中しない方が、あと味がよかったような気になるのである。

当たらなかった原因は水雷長にはなかった。後にいろいろと究明の上で判明したことなのであるが、魚雷頭部の爆発尖の感度が鋭敏すぎたため、走っている途中で横波の衝撃や、冷走から熱走に移るときの衝撃で自爆し、沈没したものが多かったのである。酸素魚雷も戦場に初登場のためか、思いもかけぬ欠点をさらけ出した(爆発尖はその後改造され感度をにぶくしたが、その後もしばしば自爆したという)。

三度目の正直という言葉がある。その三度目の魚雷戦に水雷長は面目を一新する決定的なチャンスを摑まねばならなかった。江風はガ島戦がはじまるとともに内地での訓練を打ちきり、単艦で横須賀よりトラック島へ、さらにそこからラバウルに向かった。八月二十一日、ガダルカナル。この日の午後江風は「今夜ガ島に入泊する敵輸送船二、駆逐艦一を夜襲せよ」の命を受けた。同航するはずの駆逐艦夕凪(ゆうなぎ)は間に合わず、江風は単艦で初めて耳にする名前の戦場へ乗り込んでいった。

水雷長の回想はつづく——

……………

こんどこそ失敗できないと思う。机から愛蔵の短刀をとり出し、腰にさし込んで私室を出た。そして士官室の後ろにある艦内神社に拝礼して気を落ち着けると、おもむろに艦橋に上がっていく。艦はすでにガ島内の海に入ったのであろうか、風波もおさまっていたが、空は曇り、もやがかかって視界はきわめて悪かった。艦長・若林一雄中佐をはじめ航海長・最上中尉、見張員らが食いいるように前方を見張っている。

〇〇四〇、目ざす泊地は間近だと思われたとき、左見張員が叫んだ。

「駆逐艦らしきもの、左六〇度、三〇(サンマル)」

とびつくようにして一二センチ双眼望遠鏡を向けると、かすかに白く艦首波らしいものが見えた。

「目標は駆逐艦二隻、左七〇度、三〇、反航します」

すかさず艦長の「左魚雷戦反航」の号令がかかる。これを受けて「左魚雷戦反航」と私が号令すると伝令が各発射管に伝える。発射管は左に旋回をはじめた。しかし、無念なことに発射管が九〇度旋回を終わる前に、敵艦影はもやにのまれて視界から去っていた。とにかく、そのときは今夜の与えられた主目標は敵輸送船にあり、敵が気づかなかったとすれば幸いだ、として江風はそのまま奥へ進入しつづけた。そしてルンガ泊地に達したが、輸送船らしい影も見えない。くだける波の白さが、すぐ眼の前にガ島の海岸線の輪廓を描いている。輸送船がいないとすれば長居は無用である。江風は反転して艦首を湾口に向けると、速力を二戦速（二六ノット）に上げた。私は艦長にことわって、さきほどの敵駆逐艦二隻ともう一度すれ違うかもしれない可能性を考え、もっとも公算の多い右舷に向けて発射管を固定させた。こんどこそチャンスを逃してなるものかと心に期するものがあった。

予感は正しかった。〇一五〇ころ、見張員が敵艦を発見した。私は双眼鏡で対勢を観測しながら、つぎつぎに号令をかけた。

「右魚雷戦反航」

「目標右五〇度反航する敵駆逐艦、敵速一二、方位角右五〇度」

浜崎兵長が射角を調定し、目盛りを読む。艦橋後方にある発射方位盤では射手の小野上曹が狙いをさだめている。

「発射用意」

目標がもやのうちに見えかくれする。

「発射はじめ」

私の号令に射手が同時に叫ぶ。「ヨーイ」「テー」。四本の魚雷は水におどり込んだ。

二分、三分、くだけるばかりに握りしめた双眼鏡にかすかに映る艦影には何の変化もない。私は思わず愛蔵の短刀をまさぐった。瞬間、敵の二番艦の舷側に閃く火が見えた。つづいて真っ黒い水柱が艦影をおおって一〇〇メートルもり上がったと見ると一瞬、水柱は火となり紅蓮の大火柱と化した。その火柱が落ちたとき、海上には何も見えなくなっていた。

「ざまあ見ろ」

伝令が思わず洩らした言葉を耳にしたとき、眼の奥があつくなり、私の眼から涙があふれ出てくるのを止めることができなかった。

……水雷長・溝口智司大尉、海兵六十六期、昭和十六年八月からずっと江風に乗り組んでいる。この日、江風が撃沈した米駆逐艦はブルーといった。「雷撃を受け大破、のち僚艦の手によって自沈させられた」と米軍戦史にもはっきりと記されている。

いま、その殊勲と幸運の水雷長は江風の艦橋にあって十月三十日の荘厳な日の出を迎えようとしている。太陽は艦の行く手からさし昇る。すでに出撃してから六時間、同じような暗色のなかで混淆していた海と空が離別するときであった。水平に朱色の線が画かれたとみる間に、みるみる空一面を染めはじめる。艦橋のガラスも一五センチの望遠鏡も、一様に朝陽を受けて淡紅色の光を反射した。士官室の黒板に日出〇六一六と書かれていた文字を、溝口大尉は思い出した。

江風にとってはこの日が十二回目のガ島輸送任務であった。太平洋戦争は、キャプテン・クックの世界周航このかた文明世界から忘れ去られていた南の島々に、再び人々の耳目を集めさせたが、なかでもガダルカナルほど永遠に名をとどめたものはあるまい。歴戦の江風の艦長・若林中佐にとっても、「自分の名を忘れてもガ島の名は忘れられない」ほどのものとなった。従兵から夜明けの知らせを受け、艦橋に上がってきていた若林艦長は、当直将校・溝口大尉の報告を受けると、猿の腰かけに腰を降ろし、朝風を胸いっぱいに吸った。海軍兵学校五十一期、山口県出身、昭和十五年暮れから江風の指揮をとる。温厚な人柄の、誇らない船乗りだった。江風が駆逐艦独得の荒っぽい艦風とはやや違った妙になごやかな、家庭的な雰囲気をもっていたのも、この艦長の人柄そのままのものなのであろう。

駆逐艦江風は昭和十二年四月三十日、黒潮（くろしお）と同じ大阪の藤永田造船所で竣工した。いま、ガ島へ向かう八隻の駆逐艦のなかではいちばん老齢である。家庭的な艦風もあるいはベテラン駆逐艦の味というべきなのであろうか。白露（しらつゆ）型駆逐艦十隻の九番目に完成した。

この型の駆逐艦は二つ前の初春（はつはる）型の駆逐艦とともに、ロンドン条約による一隻の基準排水量一五〇〇トン以内という制限と、国防予算の節約という要望から苦心の末に建造された艦である。一方では条約による量的制限、一方ではそれ故の軍備充実のためのより重兵装の要求、こうした矛盾する条件のなかに生まれ出た、ある意味ではさきの優秀艦・特型からつぎの名作・陽炎（かげろう）型へと移るための過程的な駆逐艦ということもできようか。

駆逐艦は、艦政本部のなかにあった計画符号ではFであらわした。艦種に応じて

ＡＢＣ……、艦型に対しては数字番号、必要に応じてさらにａｂｃをもって示した。Ａは戦艦、したがって大和型はＡ一四〇。空母はＧで瑞鶴がＧ一一、大鳳はＧ一三である。大鳳の不運はすでにこの十三という不吉な番号に発していたのであろうか。駆逐艦吹雪型（特型）はＦ四三、初春型がＦ四五、白露型はＦ四五ｄ、そして陽炎型はＦ四九。この艦型番号がそのまま白露型の特色を示している。つまり、白露型はＦ四五の初春型と同型艦である。だが、初春型の建造中に友鶴転覆事件、第四艦隊事件が相ついで起こり、設計変更がしばしば加えられ、白露型では主要寸法も変更され、初春型での欠陥がのぞかれて、まったく新しい艦型に近くなって誕生した。それがＦ四五ｄとｄがついていることの意味である。

基準排水量　一六八五トン
公試排水量　一九八〇トン（燃料2/3搭載）
水線長　一〇七・五〇メートル
最大幅　九・九〇メートル
馬力　四万二〇〇〇
速力　三四ノット
兵装　砲一二・七センチ五門
魚雷六一センチ四連装発射管二基

若林艦長はこの駆逐艦に乗り、開戦いらい、太平洋を東に西に疾駆した。十六年十二月八日、南洋群島パラオを出撃し、四水戦の一艦として、陸軍部隊のフィリピン上陸作戦援護のために、比島の東海岸に向かった。海風（うみかぜ）、山風、江風、涼風（すずかぜ）が駆逐隊を編成し行動を共にした。翌十七年前半は蘭印部隊西方攻略部隊の護衛隊として、チモール島およびボルネオ方面攻略作戦に参加、そしてスラバヤ沖海戦で肉迫突撃という貴重な戦歴を加えた。五月内地に帰ると北太平洋アリューシャン攻略作戦に協力し、終わって内地で訓練中、ガ島に米軍進攻の報を聞いたのである。この間に山風は六月二十五日東京湾沖において潜水艦ノーチラスの雷撃を受け沈没した。乗組員全員戦死という悲惨さである。

そして八月に海風、江風、涼風は第二水雷戦隊に編入され、ガ島輸送作戦を戦うことになる。いらい、これが何回目のガ島出撃行になるのか、若林艦長は数えてみようともしなかった。死地にのり込むといった悲愴感などほとんど持ち合わせなかったからである。だから、特に、東京急行にも蛮勇を必要としない、それが任務だから、と淡々としてガ島にいくのであった。第三戦隊（戦艦金剛（こんごう）、榛名（はるな））のガ島砲撃を護衛して、ルンガ泊地に突入したときのことを艦長はすぐにでも思い出すこと

白露型駆逐艦江風（山風、海風、涼風と同型艦）

ができる。初めてガ島に赴く戦艦戦隊のいまにも切れそうな緊張ぶりがむしろおかしかった。かれらは水盃で別れを告げて戦場に赴いてきたとさえ思われた。十月十四日、ガ島砲撃は大成功となる。ヘンダーソン飛行場は火の海と化し、戦艦部隊は万歳の声を張り上げて内地へ凱旋していった。駆逐艦群はそれに和する気も起きなかった。それがどんなに大成功でも、一つの任務を果たしたにすぎず、数日後にはまたつぎの任務があって、ガ島へ赴かねばならないのである。

これが馴れというものかもしれない。江風はこれまでにも輸送を終えたあと、ガ島に四度も砲撃を加えていた。往きの暮れ方と、帰りの明け方に、決まって敵機の猛攻撃を受ける。ガ島揚陸時にはあるいは敵の巡洋艦や魚雷艇の襲撃を受けるかもしれぬ。ガ島行きとはただそれだけのことである。そのほかの特別の意味はない。あとはもうただ睡（ねむ）くてたまらないだけのこと。まるまる一昼夜半、ほとんど眠ることがない。日をつむって青畳の上で大の字になりたいというはかない希望がかなえられるなら、生命とひきかえてもよい、と艦長は思ったりする。そして作戦を終えてショートランドに帰ったとき、かれを襲うのは深い疲労と虚脱感だけなのである。

しかし、艦が沈まないかぎり、ガ島へ往復するであろうことは確実である。ということは、生あるかぎり無限にこの道はつづくことと同義であると、艦長は覚悟だけは決めていた。なぜなら、困ったことに江風は決して沈むことのない幸運艦であると信じているからである。敵の不意の攻撃が時間や場所を問わず、あるいは空から海底から空間も問わずに、どんなに執拗に繰りひろげられようとも。

「あれはだれが当直のときだったかね?」と若林艦長はかたわらに立つ溝口水雷長にたずねた。

「ショートランド湾へ入ろうとしたとき、魚雷が何本だったか、艦底を通過したことがあったね」

水雷長は視線を一瞬だけ艦長に向けたが、すぐまた前方を直視しながら答えた。

「ああ、あれですか、あれは私が当直士官のときでした。四本でした。なんの気もなく斜め後ろを振り返って見た、その時でしたな……」

コバルト色の海面に明らかに敵潜水艦の魚雷発射点を思わせる白い水泡がひろが

っていた。水雷長はとっさに「とり舵いっぱい！」と叫んだ。ブザーが鳴った。しかしまだ舵が十分にきかず、おもむろに艦首が回りはじめたとき、四本の白い線はもう眼下にせまっていた。水雷長は思わず眼をつむった。しかし、艦首と艦尾すれすれに一本ずつ、そしてまさしく江風の横腹をつらぬいて二本の魚雷の白い泡が左から右へと一直線に走り去っていったのである。

「背中に冷や汗がびっしょりでした」と水雷長は笑いをふくみながら白状した。艦長も笑った。

「いや、あとで報告を受けたぼくの方がたっぷりと冷や汗をかかせてもらったよ」

それもずいぶん遠い昔のような気がする。そしていままたガ島への道をいく。この日、海上は北東の風五メートル。うねりなく平穏であった。雲量一〇。見えるのは海と空の無限のひろがりだけである。溝口水雷長は、しかし、警戒の視線をおさおさ怠らない。どこかに見えない敵の眼がひそんでいるかもしれないから。あの日の、ショートランド湾入り口での間一髪の想いが、大尉をきびしい警戒の鬼とさせているのであろう。

部隊は針路八〇度をひた走る。旗艦長波に乗艦する戦隊首席参謀・遠山中佐も、このころ、上甲板に出て夜明けの海に静かな視線を送っていた。流れる冷たい朝風、オゾンの美味、無限の海と空のひろがりを、中佐は満喫する。ソロモン群島の列島線のはるか東の洋上である。列島線の敵の見張りでも到底発見できぬ海域に部隊が作戦計画どおりいることに、かれはすこぶる満足している。いまごろ、敵の偵察飛行機が、ショートランド湾に飛来し、日本の駆逐艦がいなくなったことに驚き、泡を食っているだろうと想像することは、中佐にはまことに楽しい朝の一刻であった。

その間にも、部隊は東へ東へと偽航路をひたすら航走していく。

しかし、遠山参謀が楽観するにはまだまだあまりに早すぎた。夜が明けるより早く、ブーゲンビル島の山かげに隠れる濠州人の見張員（コースト・ウォッチャー）は、ショートランド泊地より夜のうちに約十隻の駆逐艦が出撃していったことを、ガ島の米海兵隊司令部に通報していたのである。日本軍の情況はソロモン群島の列島線に点在する見張員によって、アメリカ軍首脳にはつつぬけであったのである。この日もまた、例に洩れない。出港した日本艦隊の目的地は、恐らくガダルカナルであるに違いない。

ハルゼイ大将は、エスピリッツ・サント泊地を出撃してガ島ルンガ泊地に急航するライト艦隊に、この緊急情報を伝えた。ライト少将は莞爾（かんじ）として電報をにぎりしめた。

5　敵機

〇九三〇　針路八〇度
第三一駆逐隊一番艦・高波

アメリカ海軍では駆逐艦のニック・ネームをティン・カンといった。Tin Can という、訳してみればブリキ缶、言い得て妙であろう。駆逐艦の船体は確かに薄い亜鉛メッキのブリキ製であった。いちばん厚い中央部でもキールがほぼ二〇ミリ、その左右の艦底部は一六〜一八ミリ（いずれも特殊高張力鋼）、舷側は吃水線付近が七ミリくらいにすぎなかった。こんなに薄い鉄板に身を託して荒波に歯向かう駆逐艦乗りは、いやでも性急な、勇み肌の兄イとなる。

いまガ島に向かって進撃する二水戦八隻のなかの最新鋭艦、三一駆逐隊一番艦高波（たかなみ）の場合にもまったく同じことがいえた。いかに最新造艦とはいえ、Tin Can Navy の誇りとスマートさは、ほかの艦となんら変わりなかった。高波は僚艦の巻波（まきなみ）、長波（ながなみ）とともに夕雲（ゆうぐも）型駆逐艦の一艦で、艦型番号F五〇はこの型が傑作・陽炎（かげろう）型に、さらに改良をほどこして設計された艦であることを、如実に物語っている。変わったのは、主砲の仰角が七五度にまで引き上げられ、艦橋を流線型にするなどますます優美な駆逐艦となったこと。さらに陽炎型のただ一つの瑕瑾であった速力問題の解決のため、船尾の形を改善し、艦の全長において陽炎型より五〇〇ミリだけ長くするという処置がとられたこと。

しかし、全体としては夕雲型は陽炎型の第二群集団といってよく、兵装などに寸分の差異もなかった。第一艦夕雲が竣工したのが太平洋戦争開始直前である。日本海軍の艦隊決戦用駆逐艦の究極の代表艦として海に浮いた。いらい、陽炎型十六隻にとってかわり、戦争下という苦しい時代に、数々の戦訓をとりいれられ改修されながら、つぎつぎに二十隻におよぶ夕雲型駆逐艦が建造された。最終艦清霜が完成したのが十九年五月十一日。しかし、戦闘は予想もしなかった戦術のもと、予想もしなかった相手と、予想もしなかった場面で展開されるようになっていた。二十隻が出そろったときには、艦隊決戦思想による駆逐艦の必要はほとんど失われていたのである。

高波が浦賀造船所で竣工したのは米軍がガ島に上陸した直後の十七年八月三十一日である。一通りの訓練も終えぬうちに、ソロモンの風雲は日ましに急を告げていたから、最前線の要請はげしく、単艦で輸送船二隻を護衛して出動し、やがて三一駆逐隊を編成、二水戦に編入され、高波はその司令駆逐艦となって戦場に出た。な

夕雲型駆逐艦長波（巻波、高波と同型艦）

んともあわただしい出陣である。僚艦は六月三十日完成の長波と、八月十八日完成の巻波の二隻、トラック島で合同して新装パリパリの駆逐艦三隻でラバウルに進出。ソロモン海の第一戦に参加した。

高波の航海長・江田高市予備中尉は、神戸高等商船学校を卒業した海軍予備学徒出身の将校である。高波完工とともに乗り組みを命ぜられて着任した。高波の、そして江田中尉の初陣は、十月十三日に決行された第三戦隊（金剛、榛名）によるガ島砲撃の直衛であった。中尉がその夜見たのは、何百メートルもあろうかという壮大なる火の傘である。戦艦二隻は一時間十四分にわたって主砲を撃ちつづけ、砲弾九百二十発を飛行場に撃ち込んだ。それはまたとみられぬ大スペクタクルであった。

高波は初陣を勝利の火柱で飾った。いかに戦況が一日たてばそれだけ不利になりつつあろうとも、高波にはなぜか勝利の女神が祝福を垂れ給うているかのように、ふと錯覚するような華麗なる攻撃であったのである。だが、戦闘は常に一方的に終始するわけではない。あらゆる場合に成否を予測することなどできはしない。悲惨、残酷、無慈悲、非情といったいくつかの形容詞をともなって、戦場は戦士の前にきびしい相貌をみせるのである。

すでに書いたように、十一月中旬に予定された第二師団による陸軍総攻撃を前に、連合艦隊は前回にならい比叡、霧島の挺身攻撃隊を策し、そのすきに近海にあるだけの輸送船十一隻を動員し重火器と弾薬をガ島に陸揚げするという杓子定規な作戦をたてた。戦闘は、それが小さなものであろうと融通無碍に変化する。変化に応じられぬ側が錯誤を繰り返し決断を逡巡して敗れ去るのである。こうして高波の三度目のガ島進撃は悲惨な敗北の長い一日となった。護衛してきた輸送船は全滅した。江田中尉は天を仰いで浩嘆したが、嘆いている時間は三十秒といえども許されない生死の土壇場にあった。危急の際に人間はわれを忘れることがあるのであろうか。江田中尉は、火の柱を奔騰させてのたうつ商船を望見しながら、しばし放心の状態にあったことを、改めて思い出すのである。

いま、ドラム缶を積んでガ島へ向かう高波艦橋中央、羅針盤の前に立つ中尉の周囲には、右前に三一駆逐隊司令・清水利夫大佐が立ち、左に高波艦長・小倉正身中佐がきびしい眼を、前方に光らせていた。高波のガ島四度目の出撃行に果たして何が待ち受けているのか、だれにも予知できない。艦橋の右側には一、三、五、七番見張りが、左側には二、四、六、八番見張りが、つくりつけの人形のように一五センチや一二センチの双眼鏡にしがみついていた。静寂はつづいた。だれも語らず、だれも動かない。幻妙な静寂とでもいおうか。人間が稀に味わう、人がいて人なき如き無言の悟入の境地。スペイン人はこれを〈真実の瞬間〉と名づけるとか。

夜が明けてすでに三時間たった。遠いはるかな乱雲が不吉な黒灰色で艦隊をとりまいている。将兵は流れ落ちる汗のなかに塑像のように立ちならんでいた。九時三〇分、敵Ｂ－17爆撃機一機を高波の一番見張りのレンズが捉えた。ほかの艦の見張りも同時に発見した。緊張が海面に張りつめ、配置につけのブザーが鳴り響いた。

「第五戦速、急げ、対空戦闘」

部隊は、増速しつつ間隔を開く。敵機はしかし本隊に近づかず、はるかかなたの空を悠々と弧を描きつつ触接をつづけた。これにどう対処すべくもない。

旗艦長波艦橋では田中司令官が太い眉をちょっとあげて飄々（ひょうひょう）たる風貌姿勢で敵機を眺めている。遠山首席参謀はときどき首をかしげる。当然打つべきはずの発見電報を敵機が打とうとしないのが不思議なのである。あるいは、敵機の搭乗員がぼんやりして、日本艦隊を発見していないのか。曇りとはいえ、ときどき、まだ午前の烈日が、凪ぎわたった海面に黄金色に照りつけていた。上空から長く澪をひく田中部隊が見えないはずはない。遠山安巳中佐、海兵五十一期、江風の若林艦長と同期である。昭和十二年海軍大学校を出た俊秀、第二艦隊の水雷参謀をへて、十六年八月から第二水雷戦隊の首席参謀として開戦いらい、田中司令官を補佐する。将来の提督を約束された二水戦の知恵袋の中佐がいぶかるような、超遠距離の敵機の行動であったのである。

無言のにらみ合い五十分後、やがてB-17は雲の向こうに姿を消した。なお部隊はガダルカナルをよそに見て針路八〇度の偽航路をいく。

「第二戦速、対空戦闘要具収め!」

再び二四ノットに戻ると、部隊は長く白い航跡をあとに残す。深い沈黙のうちに、時間だけが永遠のかなたに流れ去っていく。

6 信号

一四〇五　針路一八〇度　第一警戒序列
第一五駆逐隊三番艦・陽炎

　Ｂ－17が南の空に去って間もなく第一一航空戦隊司令官よりの電報が二水戦旗艦長波に入った。
『当隊飛行機ニ依ル上空警戒時間ヲ一五〇〇、使用機ノ行動能力上三〇日ノ上空警戒ヲコレ以上延バスコト困難ナリ』（九時五七分）
　ショートランドに司令部をおく水上機の前進部隊からのものである。水上機母艦千歳（ちとせ）をはじめ、神川丸（かみかわ）、国川丸（くにかわ）など特設水上機母艦で編成され、九月五日からソロモン作戦に進出してきていた。昨日の田中司令官の上空警戒要請に対し、さっそく答えてきたものであろう。このショートランドの水上機隊は偵察、爆撃、対潜哨戒、船団護衛などに連日のように飛び立ち苦闘に苦闘を重ねていた。水上部隊からみて、この隊の骨身惜しまぬ努力には心から頭が下がったという。
　一時間後、ラバウルの第一一航空艦隊も上空警戒についての緊急電を二水戦に打ち込んできた。

『貴隊ノ今次「ガダルカナル」輸送航路日没附近位置「ブイン」基地ヨリ約二六〇浬トナレリ、誘導機ヲ附スルモ戦闘機ノ帰投極メテ困難ナルヲ以テ直衛ハ一五〇〇迄ヲ限度トスルニ付御諒承アリ度』（注…一五時は日本時間、現地時間では一七時。そして日没は一八時四一分である）

この第一一航空艦隊は第二五航戦（戦闘機隊）と第二六航戦（陸攻隊）を合わせて指揮するラバウル航空隊の総本山である。繰り返すまでもなく、ソロモン海域での戦闘は戦略的には生産と補給および情報処理の戦争であり、戦術的には航空機中心の制空権争奪戦であった。飛行機のカサをもたぬ水上艦艇がいかにみじめなものであるかは、将兵の骨身にしみている。しかし日本にとって不幸なのは、第一線ラバウル基地から航空決戦場ガ島まで約一〇〇〇キロ、零式戦闘機の航続距離いっぱいの長い距離にあったことである。第一一航艦がいかに智謀をしぼろうが、零戦がいかに無敵を誇ろうが、常に制空権を掌握することはできなかった。一つ一つの戦闘で勝っても、それは野球でいう散発安打にすぎず、得点に結びつけることができない。しかもその間に疲れはて、永年にわたって鍛え上げられた多くの戦士が失われていったのである。

こうした悪戦力闘をつとに知る二水戦の各艦は不平をいわない。たとえ上空警戒が短時間であろうと、部隊はただ決められた道を黙々と進むだけである。指揮する田中司令官は、兵力分散による消耗の愚を、常に上級指揮官にいいつづけてきている当の提督ではなかったか。

一四時五分、部隊は東経一五九度五九分、南緯五度四四分、ほぼガ島の真北の地点に到達した。長波（ながなみ）は旗旒（きりゅう）信号を上げ一斉回頭、第一警戒航行序列を号令した。針路一八〇度、ガ島に向かい一直線に南下する。対空戦にそなえて第一警戒航行序列、すなわち間隔を十分にとった三列縦隊の陣形をとる。

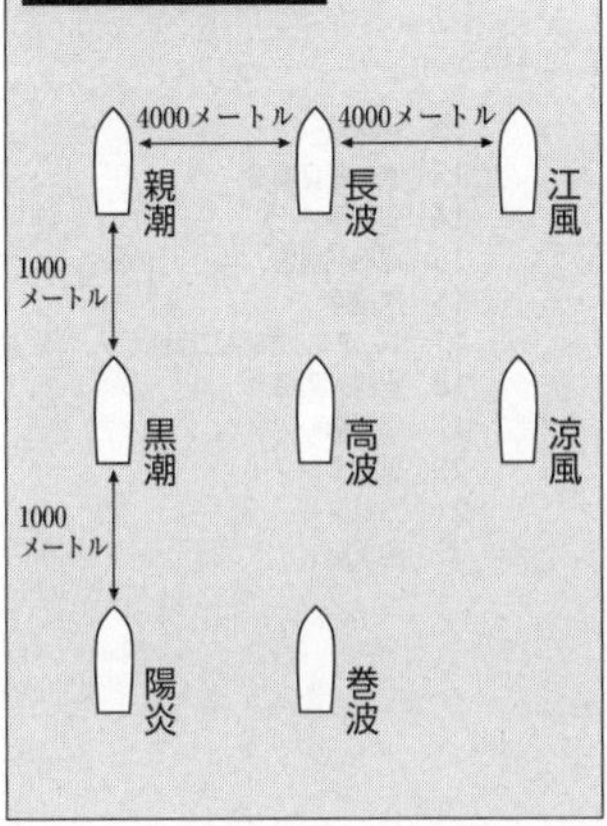

左側に一番隊の一五駆逐隊、中央列に二番隊の三一駆逐隊、右側に三番隊の二四駆逐隊とならび、隊と隊の間隔四〇〇〇メートル、各艦の間隔を一〇〇〇メートルにひらく。駆逐艦が最大戦速で走って舵をとって回るとなると、直径が一八〇〇メートルくらいの大きな円周を走るようになる。そこで、海面に広く展開して〝盆踊り〟の名手たちは敵機の攻撃に

1．艦橋
2．発射発令所
3．操舵室、受信室、無線電話室
4．艦長室
5．艦長予備室
6．烹炊室
7．士官室（寝室、食堂etc.）
8．兵員室
9．方位測定室
10．機関科指揮所
11．缶室
12．機械室
13．水中聴音器室
14．弾薬庫
15．魚雷発射管
16．送信室
17．12.7センチ砲二連装
18．水雷火薬庫
19．爆雷庫
20．重油タンク
21．カッター
22．内火艇

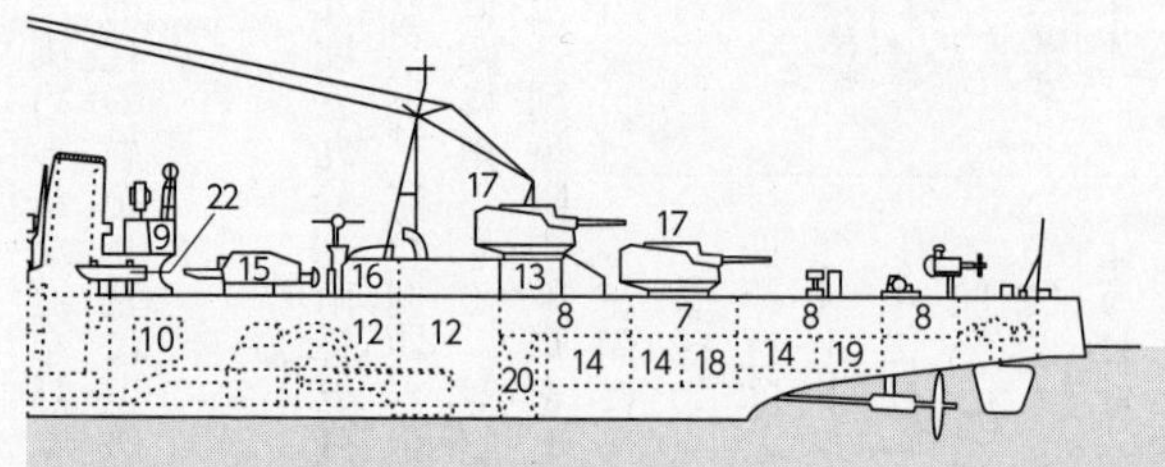

堀元美氏『駆逐艦』を参考に作成した

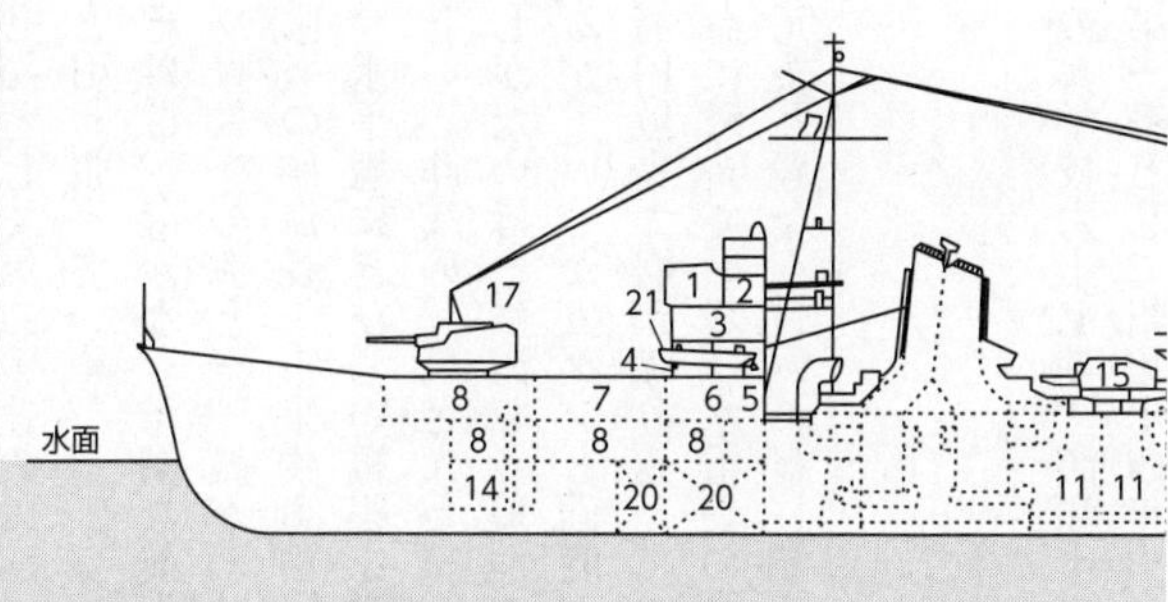
陽炎型駆逐艦配置図
水面
17
21
1
2
3
4
8
7
6
5
8
8
8
8
14
20
20
15
11
11

備えるのである。速力はいぜんとして第二戦速の二四ノット。時計の針は秒一秒と時を刻んで部隊を決戦場へと引っ張っていく。

そうした緊張感をとりのぞけば、静かな、単調な航海である。かれらをとりかこんでいるのは、かぎりないソロモンの海と空。艦がわけて進む潮騒の音が耳をすませば聞こえてくる。駆逐艦陽炎（かげろう）の航海長・市来俊男中尉は羅針盤にいやというほど胸をぶつけて眼を覚ました。水平線にきびしい視線を送っているつもりが、いつの間にか居眠ってしまったらしい。昨夜の、ほとんど一睡もしない警戒の疲れが、午後のこの時間になると抵抗しがたいほどに激しく襲ってきた。眠るまいと、羅針盤に両腕を突っ張り眼を見張るが、いつかガクンと両膝が折れてしまう。

時ならぬ物音に水雷長・高田敏夫大尉が振り返ってやわらかい微笑みを送った。かれもまた睡魔の誘いに懸命に耐えている。水雷長の微笑んだ眼がすばやく信号を航海長に送る、士官室で、冗談ともなくいいかわしていた言葉である。眠くなったときのおまじないか。

「居眠り宜候（ようそろ）！」

市来中尉は昭和十四年卒の兵学校六十七期、昭和十五年秋から陽炎の航海長を務めている。陽炎は陽炎型の第一艦として昭和十四年十一月六日、舞鶴工廠で竣工した。ただちに第二艦の不知火と小隊を組み、一つ前の型の朝潮型の霞・霰とともに二水戦一八駆逐隊に編入された。初陣は真珠湾攻撃である。南雲忠一中将指揮の機動部隊の警戒隊として参加した。戦闘は航空機で終始し、駆逐艦がしたことといえば、北洋の激しい風浪にもまれ、濃霧にまぎれて行方不明となった給油船をさがし、対潜警戒を厳にし、冬服をいっぺんに夏服に着替え、そして手をふって攻撃隊を送り迎えしただけであった。この間に、かれら決戦用駆逐艦が三浬か四浬に肉迫雷撃すべき相手である敵主力艦は、二三〇浬もかなたの真珠湾で飛行機の攻撃によって海の藻屑と化していた。

帰路、当時の艦長・横井稔中佐が軽い脳溢血で倒れ、先任将校兼砲術長・伊藤義夫大尉が代わりに指揮をとり、敵潜水艦一隻を撃沈したことを、市来中尉はおぼえている。しかしそれが果たして何日であったかは中尉もすっかり忘れた。敵主力艦撃滅のかげにあって、それはあまりに小さい戦果なのか（注…米軍戦史にその記載なし）。

真珠湾から帰投すると、陽炎はただちに空母を支援してビスマルク諸島攻略作戦に出動、つまりラバウル占領（一月二十七日）である。十七年一月三十一日に作戦終了、いったん帰国したが、三月二十六日より再び南雲機動部隊直衛隊としてインド洋作戦に参加し、箒で掃くように雑作もなく残存イギリス東洋艦隊を海底に葬った。開戦百日にして連合国の水上艦艇は、日本航空部隊の大斧の前にアジアの戦場から姿を消した。日本の〝もっとも輝けるとき〟である。

水雷長・高田大尉が陽炎に着任したのは、この作戦のときである。海兵六十四期、軽巡阿武隈、駆逐艦望月、初雪と乗りついできた根っからの水雷屋である。大尉が着任してきたときの陽炎は「実に陽気な」艦であったという。

しかし勝利の花は長くつづかなかった。陽炎は僚艦とともに、インド洋作戦を終わって帰国すると第二水雷戦隊に復帰し、真珠湾攻撃いらい、行をともにした機動部隊と別れた。別れたとたんに奇妙なほど歯車が狂い、形勢がおかしくなってきた。ミッドウェイ方面作戦が発動され、ここに日本海軍は信じられないような敗北を喫したのである。

このとき、陽炎のした戦闘というのも奇妙なものである。陸戦隊を乗せた輸送船を護衛し、トラック島よりミッドウェイに向かい、途中で命令を受け引き返した。ただそれだけの航海のうちに勝敗は決し、半歳にわたって陽炎が常にそばで護衛した空母赤城、加賀、蒼龍、飛龍の四隻が喪われたというのである。数百浬を決戦距離とする航空決戦と、せいぜい二〇浬以下を決戦距離とする水上決戦とは、到底一つの物差しをもって計ることができないと、全軍将兵が実感したとき、ミッドウェイ作戦は完敗をもって終わっていたのである。

一八駆逐隊と別れた空母にただちに悲劇が襲ったように、つぎにその駆逐隊に大きな悲劇が待ち受けていたのは、どういう因縁があったのであろう。完敗の大作戦が終わったあと、主力艦はしばしば母国の港に疲れた身を休めたが、駆逐艦にはなお東走西行の命令が下る。陽炎が命ぜられたのは占領したばかりのアリューシャン列島キスカ島への補給任務である。惨劇は七月五日に起こった。米公刊戦史はそれをこう描出している。

その日――「キスカ島沖五浬附近でパトロール中の潜水艦グロウラーは潜望鏡で湾外を警戒中の駆逐艦三隻を発見すると、ただちに微速で接近した。駆逐艦は一七〇〇トンの吹雪(ふぶき)型であることがわかった。まだ気づかれていない。艦長ギルモア少佐は先頭艦と二番艦にそれぞれ一本の魚雷発射を命じ、三番艦には二本を撃ち込んだ。一本目はミスしたが、潜望鏡は二本目が駆逐艦の艦橋真下に命中するのをとらえた。火の柱があわれな駆逐艦を包んだ。艦長はただちに潜航を命じた。日本の駆逐艦も二本の魚雷で応戦してきたが、グロウラーは一〇〇フィート潜航し、頭上を雪の上を滑るスキーのような音をたてて魚雷が通過するのを聞いた。瞬間、さらに爆雷が頭上を襲ってきたが、艦長は巧みに避退運動をつづけこれをも見事にかわした」。

霰(あられ)は弾火薬庫付近に被雷し、轟沈した。何十人かの生存者が水に浮いたが、冷たい北洋の海は真夏とはいえ人間を十五分以上も生かしてはくれなかった。霞も艦尾を魚雷にもぎとられ大破、不知火も艦首に大穴をあけ傾き、一八駆逐隊は陽炎を残して一瞬のうちに壊滅した。

十七年七月二十日、単艦となった陽炎は、夏潮を失って三隻となっていた一五駆逐隊へと編入される。しかし編入されたものの、親潮、黒潮、早潮、陽炎の四艦が勢揃いして協同訓練をする間もあらばこそ、半月後にガダルカナルに米海兵隊が上陸してきたのである。ただちに陽炎に単艦で出動命令が下る。パラオ諸島に待機している一木支隊をガ島まで運べという命令である。パラオには付近に行動中の駆逐艦六隻が集められた。嵐、野分、萩風、舞風、磯風、陽炎が連隊長・一木清直大佐以下九百十六名の第一梯団を分乗させ、ガ島海域に入ったのは八月十八日夜である。

高田水雷長はこのときのことをきわめて明確に記憶している。一木支隊はほとんど無装備であった。手榴弾と小銃だけで、一個分隊か二個分隊ごとに一挺の軽機があるという簡単なもの。「装備が多くては行軍の邪魔になる。これで大丈夫」と将校たちは強がりをいっていたが、これで本当に勝てるのかな、と高田大尉はその言が信じられなかったという。

ガ島タイボ岬に一木支隊は無事上陸した。休むひまなく、また第二梯団を待つこともなく支隊は海岸を飛行場に向かって前進した。ガ島争奪の凄惨な消耗戦はこのときから開始されたのである。六隻の駆逐艦は陸兵揚陸後も悠々と飛行場に一二・七センチの砲弾の雨を降らせた。第一次ソロモン海戦で大勝直後のガ島の夜は、たしかに日本海軍のものであった。このとき、この海峡が後に駆逐艦の墓場になるとはだれも知らなかった。

陽炎の先任将校・伊藤大尉も「一木支隊は実に意気軒昂たるものだった。アメリカのウィスキーを帰りに持たせてあげますよなどといっていたし、まさかそれを待ってルンガ沖にいたわけじゃないが、われわれは陸上砲撃、魚雷艇が応戦してくるのを撃沈、乗員が泳いでいるのを捕虜にすべきかどうか敵前で論じ合ったりしたものだった」と回想する。

大本営は、連日のように輸送船で上陸しているアメリカ軍二万に対して、一千名足らずの一木支隊で奪回可能と考えたのか。この認識不足がガダルカナル敗戦にそのままつながっていくのである。

ともあれ、米軍はガ島に本腰を入れてとりついた。歴史に〝もしも〟は許されないとしても、陽炎が魚雷艇の乗員を捕虜にしていたら、米軍の真のガ島進攻の意図が聞きだせたかもしれない、そのうらみは残る。伊藤大尉はそれをいまも残念がるのである。*

＊二十一日午後、一木支隊は七百七十七名戦死、三十名の戦傷者を出して潰滅した。

この日をスタートとして陽炎はソロモン海から離れなくなった。八月二十九日の川口支隊先遣隊のガ島上陸も、陽炎、夕立、天霧、白雲などの駆逐艦の活躍によった。ガ島輸送十三回、そして第三次ソロモン海戦の第三ラウンドでは、米新鋭戦艦ワシントンを絶好の射点まで追いつめるという離れ業までやってのけた。水雷長・高田大尉はこのときの胸躍る瞬間を忘れることができないでいる。

「右魚雷戦用意」の号令までかかった。敵戦艦であることは見まごうべくもないと思った。しかし艦橋では押し殺したようなやりとりがつづいていた。「どう思います」と一つの声が聞いた。「わからん」ともう一つの声がおもむろに答えた。「なんともいえん。霧島かもしれない」。はげしく一つの声がはね返した。

「敵だ。敵に間違いありません」

射点はその間にも一秒を争ってずり落ちていく。暗黒の海上のなかに、望遠鏡には、海面からもり上がるような戦艦の上部構造物が眺められた。その巨艦の運命を陽炎の九三式魚雷がこの瞬間に掴みとろうとしていた。だが、探照灯をつけて確かめてみることを考えつくものはだれもいなかった。ついに陽炎は発射せず！

ソロモン海での陽炎の戦歴は華々しいものではなかったかもしれない。緒戦の真

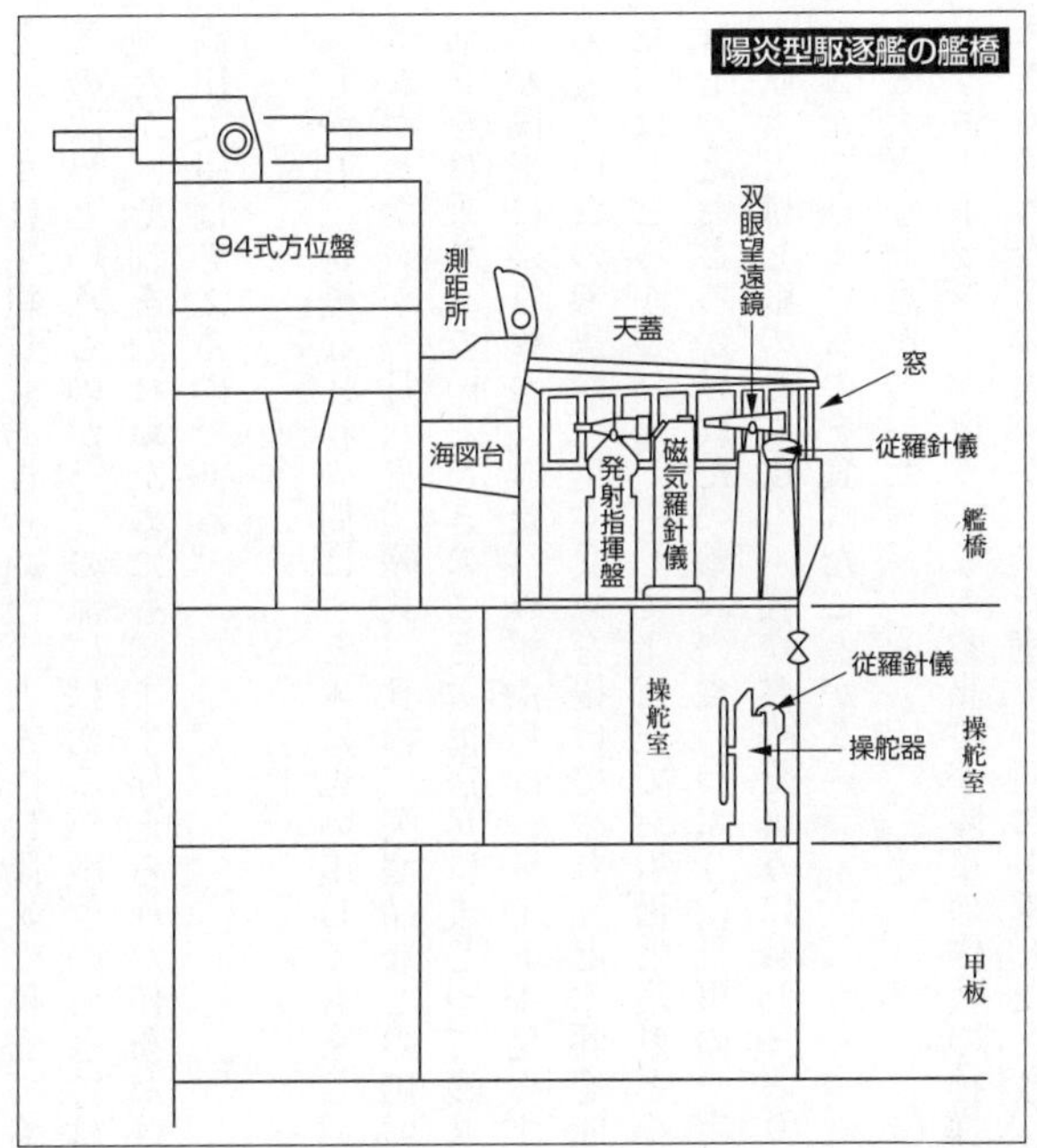

珠湾攻撃のときのような、胸もつまるような感激も昂奮もない。くる日もくる日も〝盆踊り〟であり〝ネズミ輸送〟である。中央スロットをいき、平和と伝説のソロモンの島々の緑を見て、ときに迫りくる運命を忘れて、楽しい想像の世界に遊ぶことはあっても、すぐまた辛辣な現実に戻るのである。忍耐強い、地味な、縁の下の力もち、駆逐艦は戦う艦というより運ぶ船である

と、いまは乗組員もあきらめた。どんなに陽炎が優秀でも、どうにもならぬ戦闘方式の限界というものがそこの海にはある。戦争のおきては無慈悲であり苛烈ではあったが、それを恐れぬためにも、まず与えられた任務だけは忠実に果たしたいと、高田大尉は考えるのである。

しかし、苛酷な任務の間に、ときに思い出しても楽しいエピソードがないわけではなかった。十一月八日、陸兵、食糧、医療品などの揚陸を終え、逆にガ島から傷病兵を移乗させているときのこと。傷病兵にまじって痩せおとろえた陸軍の中佐参謀が陽炎に乗り移ってきた。みずからは一メートル足らずの甲板によじ昇るだけの力もないこの参謀が「早く兵隊を揚げてやれ」と水兵を叱咤するのに、陽炎の士官たちはおどろかされた。そして士官室でおも湯と塩鮭と梅干を出したとき、かれらはもっとおどろかされた。参謀の食いっぷりは見事の一字につきた。四〇度の高熱も吹きとばし鮭の骨も皮も、猫が食べたようにむしゃぶり食った。そして、

「こんなうまいものを食べたことがない」

と大きな溜息をついた。

ショートランドへ戻り、この参謀殿が陸軍の作戦の神様・辻政信（つじまさのぶ）中佐であると聞きこんできた伊藤大尉が、士官室で一同に披露したとき、高田大尉も市来中尉も腹

をかかえた。辻参謀を嘲笑して笑ったのではない。悲惨の一語ですべてをいいつくせる餓島の実情を、この眼でみて知っているだけに、そしてまた、楽しみのまったくない南の最前線にいるだけに、「神様が塩鮭をむしゃぶり食い給うた」、ただそれだけの伊藤大尉の言葉が、無性におかしくてならなかったのである。

その伊藤大尉も第三次ソロモン海戦を終えた直後に内地へ転任の命令がきてショートランドで退艦していった。それもつい昨日のことのように思える。その日からまだ十日あまり。いま、ドラム缶をつんで、左列の最後尾をゆく陽炎の艦橋に立つのは、水雷長・高田大尉と、「居眠り宜候（ようそろ）」の航海長・市来中尉、新任の砲術長、それと艦長・有本輝美智中佐だ。歴戦の艦をあずかる歴戦の海の男たち。

二水戦八隻の駆逐艦は規律正しく陣列を保っている。海が静かであることは航海するものにとって大きな慰めである。どこまでも果てしなく、たえず変化するエメラルドグリーン。雄大な大洋には、そして宏遠な蒼空には、なにか威圧的な雰囲気がある。

一四時三〇分、旗艦長波から二水戦各艦あて手旗による信号がとどけられてきた。赤と白の旗が、青い海原に小さくゆれた。

「旗艦より増援部隊宛」

信号員が報告する。

『今夜会敵ノ算大ナリ　会敵時ハ揚陸ニ拘泥スルコトナク敵撃滅ニ務メヨ』

有本艦長はうむというようにうなずいた。敵地に突入するものの心構えとして、出撃前に不慮の会敵に備える方法は研究されてきた。また、かりにされていなくとも偶発的に起こる砲雷戦は、夜陰小よく大を倒すのが駆逐艦の使命であり、水雷屋の思想である。しかし、いまの場合はドラム缶があった。その揚陸がとりあえず主任務なのである。司令部は万が一のときを考えてその信号を全艦に送ったのであろう。作戦指導にいささかの落差があってはならない。意志は明確にしておかねばならない。戦場では転瞬の間に勝敗が決するのである……。

それにしても、予備魚雷八本を陸揚げしてきたのは痛い、と高田水雷長は信号文を読みながら眉をしかめる。思う存分の戦いを封じられ、なおかつ敵艦隊を撃滅しなければならないのか。それにしても戦場への幕開きとしては悪くない。「揚陸ニ拘泥スルコトナク」という言葉には戦隊司令官田中少将の旺んな闘志がこめられている。朴訥な田夫野人、どうみてもあまり外向的な人間とは思えない。無口、しかしやると決めたら一直線になれる提督、ソロモンの海はそんなさわやかな男らしい闘将を求めているのだと、高田大尉は思った。

部隊はそろそろ一五〇浬圏に近づいていた。午前中のB-17の触接により日本艦隊の出動を察知したガ島の飛行隊が黙って見逃すとは思えない。航海長・市来中尉はふと先日退艦した伊藤大尉の述懐を思いだした。ガ島出撃行のため真新しいふんどしを用意し、そろそろこの辺からと思うと、大尉はきちんとまっさらのものに取り換えたという。

「せめてもの死に装束の代わりだった。ちょっとナイスな気持ちじゃないかね」と伊藤大尉は笑った、が、「でも、出撃七回目か八回目でそれもやめちゃったよ」といった。陽炎は沈まないという自信からであるか。いや、そればかりではあるまい。内地からの補給が途絶えがちとなり、新しいふんどしが手に入らなくなったから。引き潮の戦は戦士にやりきれない思いをさせるものなのである。

伊藤大尉がふんどしを換えたのはこの辺の海であったろうかと、非直の市来中尉は艦橋から静かに姿を消すと、自室に戻った。かれもまた下着を換える習慣をもっていたのか。いよいよ敵地に突入するのである。

7 直衛

一七〇〇　速力30ノット
第二水雷戦隊旗艦・長波

田中頼三少将は、長波艦橋に立ち、とどけられた電報綴を見たとき一瞬ムッとした表情をとった。

『宛二水戦司令官（一四時四二分）
一、今次ノ如キ大迂回航路ハ敵ノ意表ニ出ル利点ハアルモ　上空直衛実施困難ニ付上空直衛ニ重点ヲ置カザル特種ノ場合ニ採用スルコトトセラレ度
二、航路ハ充分ノ余裕ヲ以テ決定　関係各部ニ通報セラレ度』

司令官から黙って手渡されて、首席参謀・遠山安巳中佐も、電報に一種の後味の悪さを感じて唸った。発信はラバウルの八艦隊参謀長名、宛先は二水戦司令官のほかに第一一航空艦隊参謀長、第一一航空戦隊司令官となっている。午前中の、上空

直衛については一五〇〇を限度とする旨の電報をみて、八艦隊も黙っていられなくて一言割って入ってみたのであろう。遠山参謀は思う。いま現に敵地に向けて前進をつづけているわれわれに、こんな注意をいまになってしてきたところで何になるというのか、空襲によって被害が出た場合の責任を二水戦でとれというのであろうか。参謀はやりきれない想いにとらわれてしまう。

確かに、上空直衛の問題は重大である。それよりも、現地において戦いつつあるものと、後方において全般の指揮をとるものとの間にあるガ島輸送作戦に対する評価のギャップの方がより重大であろう。二水戦は後方の上級司令部でつくった計画を、弾雨のなかで忠実に実行し、辛労をつぶさに味わってきた。そしてかれらが生命を賭けるところのものは、勲章や感状のためでないことを、かれら戦いつつあるものは、骨の髄まで知っている。かれらが生命を賭けないことには、ガ島にいる二万の陸軍が救われない。陸軍が苦戦しているのに海軍が助けにいかぬ法はない。ただそれだけのために鼻歌を歌って死地に突入するのである。行かねばならぬから行く、心事は颯爽としている。それに余計な理屈はいらぬ。図上の研究でなく実戦なのである。航路の遠近や作戦の巧拙は、はじまってしまえば、もはや余計な論議といえるものではないか。

だからといって、やけくそな、無鉄砲な戦をしているわけではない。駆逐艦乗りの心事はさわやかである。いうだけのことはいう。いったらさっぱりしていつも闘志まんまん、自信をもった出撃をするのである。そして訓練どおり全力をあげて戦って、生きて帰れば「どうせ俺たちは車引きだよ」といって高笑いする。あとにも先にも、それだけのこと。田中司令官も遠山参謀も、駆逐艦乗りのよさを知っているだけに、八艦隊からの電報に歯のぬけたような寂しさを感じるのである。人間の力の限界までやるだけのことはやる。その後は「運」にまかせるほかはない。戦とはそういうものよ。上空直衛もやるだけのことをやってみるだけの話ではなかったのか。

かれらが坐乗する駆逐艦長波は、その運不運という点でいえば、明らかに好運な部類に入る艦であったろう。昭和十七年六月三十日藤永田造船所で竣工し、横鎮（横須賀鎮守府）海面での猛訓練を終えて作戦待機に入っているとき命令がきて、第三戦隊（金剛、榛名）を護衛してトラック島へ進出した。ここで僚艦高波、巻波とともに三一駆逐隊を編成し、第三戦隊のガ島砲撃を直衛してソロモン海に入った。これが長波にとっての初陣である。十月十三日砲撃成功をみながら、長波はこのとき魚雷艇一隻を撃沈する。二日後の十五日、長波はまたしても重巡鳥海、衣笠を直衛し、再びガ島に接近し、こんどはみずからも両重巡とともにヘンダーソン飛行

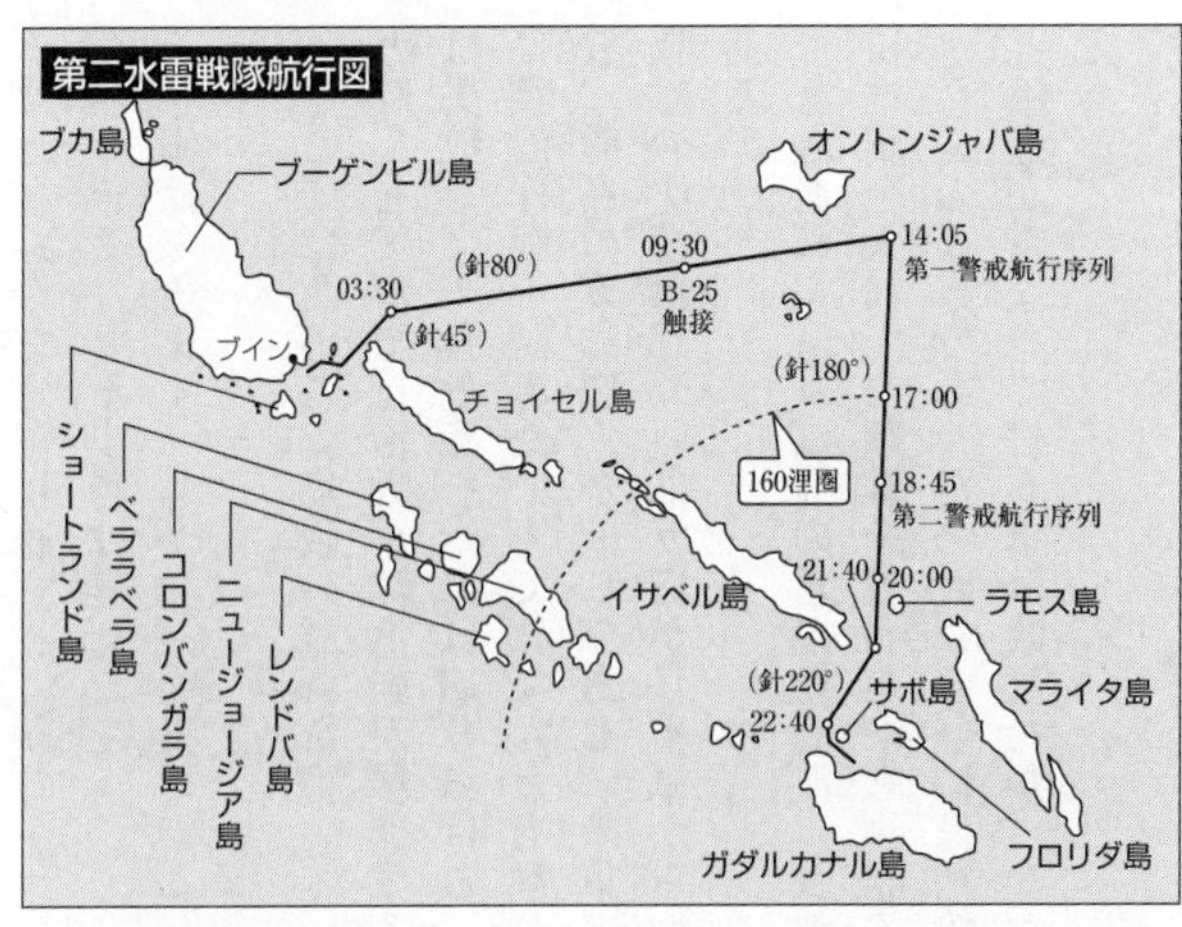

場に砲撃を加えた。見事な戦いぶりであろう。

この二回にわたる砲撃で、米駆逐艦作戦史によれば「ヘンダーソン基地は、地図の上から抹殺された」ほどの大打撃を受けた。この機に乗じて敢行した日本の第二師団のガ島上陸も成功した。ガ島進攻いらい、最悪の危機が米軍に訪れたのである。しかし米軍はここで踏みとどまった。ゴムレー中将を解任し、南太平洋方面司令長官に〝猛牛(ブル)〟ハルゼイ中将を任命、前線の沈滞した士気を立て直したのである。ニューカレドニア島のヌーメアに着任したハルゼイ提督は、ガ島の第一海兵師団長バンデクリフト少将、陸軍のパッチ少将らを呼びつけていった。

「貴官たちは撤退しようというのかね。

それともあくまで守り通すというのか」

バンデクリフト少将は答えた。

「守備はできます。しかし、いままでよりもっと積極的に支援してほしいのです」

と。


ここでは改めてガ島戦の詳細を書いているいとまはない。このあと陸軍の総攻撃と呼応して海では南太平洋海戦が展開する。海空戦では七分の勝ちを得たが総攻撃は失敗し、十月危機を米軍は切りぬける。月が変わって十一月、日本軍は最後のガ島奪回作戦を試みた。すでになんども触れた十一隻の輸送船による増援、そして比叡、霧島のガ島突入がそれである。米軍も必死にガ島を護った。輸送船の全滅、二戦艦の沈没は、ついにガ島が日本軍から無限の距離に遠のいたことを意味したのである。

ともあれ、ぱりぱりの新鋭艦高波、長波、巻波などのガ島投入は、日本軍もいかに本腰を入れて争奪戦を戦ったかを物語る。しかも、長波の進出のときはクライマックスのときであった。競り合いには補給がつかず、その上に誤断と不決断と錯誤と不運が重なって日本軍は敗れたが、なお新鋭駆逐艦はソロモン海に健在であるのである。

長波艦長は隈部伝中佐、海兵五十期、熊本県出身。二水戦の司令部が八艦隊からの電報を手に眉を曇らせているときも、泰然として艦橋左に立って前方を注視する。二度の砲撃をふくめて、ガ島突入もすでに五回の自信と余裕が陽焼けした相貌からこぼれている。日清戦争のとき、突撃に移ろうとした駆逐艦長が「総員死にかた用意」という号令をかけたという。隈部中佐はまったくその通りだといつも思う。ガ島突入は常に総員死にかた用意以外のなにものでもなかった。

しかし、南の海の航海は、死という観点を離れれば「昼は絵の世界、そして夜は詩の世界とが繰り返される」という。不風流な艦長にも、いまは一幅の美しい絵を見ているような気持ちがしないでもない。長く航跡をひく八隻の駆逐艦と青い海！

一五時二五分、絵に点睛を加えるように、四機の零式戦闘機が翼を振って近づくと、上空直衛についた。さらに一時間後の一六時二〇分、零戦四機が西の空から現れ上空をゆっくりと旋回する。味方の飛行機が上空にあるというだけで戦隊の懶いような雰囲気は一変する。空飛ぶ鳥は声をもつべし、翼もつものは事を告げてよ。戦隊のなかに詩を解するものがあれば、どこで読んだ、だれの詩かわからないにせよ、思いもかけないときに詩の一節が脳裏に浮かんで消えたことであろう。

遠山参謀は艦橋の張り出しに出て飛行機の編隊を見上げた。海空協同、これで日没時の敵の小型機集団の来襲がなければ、本航路選定の目的は無事果たせたと、参謀は自分にいいきかせる。あと二時間足らずで陽は沈むのである。

やがて先に飛来していた零戦四機が翼を振りながら西空へ消えていった（一六時四〇分）。いれかわるように零式水上観測機十二機が輸送作戦に声援を送るかのように機体を左右にバンクさせて飛来した。第一一航空戦隊所属の日本海軍最後の複葉機であるが、外観に似ず性能がよく、これまでもたびたび米戦闘機群と互角に渡り合った。最大速度三七〇キロメートル、航続距離七四〇キロメートル、七・七ミリ機銃三挺をもつ。

二水戦の上空はがぜんにぎやかになった。翼の日の丸がまぶしいほどである。時計は一六時五〇分を回った。遠山参謀はブインの航空隊司令・森田千里大佐のことを思い出した。参謀は出撃の前日、この先輩を訪ね、上空直衛を依頼した。わずか九機しかない零戦のなかから、後輩である自分の懇請に応じ、ほとんどすべてを振り向けて協力してくれたことに、しみじみとした感謝の心をもった。そして兵学校時代のこわかった先輩を偲んだ。第一線には常に友情がかよっている。この友情が多くの戦士に泰然として死地に赴く勇気を与えるのである。

8 敵情

一七〇〇　速力30ノット
第三一駆逐隊三番艦・巻波

手旗信号が全軍に伝えてくる。

「速力三〇節(ノット)トナセ」

いよいよガ島より一六〇浬圏に入る。部隊はいっせいに増速し、海が一層白くわきかえった。各艦の機関科はいそがしくなった。敵制空権下に入るのである。それでなくとも機関科には常に機関の故障という敵があり、この敵に勝ちぬくことが船の機関部に課せられた唯一の使命といいうるのである。三一駆逐隊三番艦巻波(まきなみ)の機関科指揮所では機関長が、六十名に近い機関員を掌握し、汗水を流して指揮をとっている。缶はもちろん全部点火され、全開の吸気筒はものすごい唸りを上げて外気を吸いこんでいる。

機関科指揮所はふつう〃鳥の巣〃と呼ばれている。狭い壁面にところきらわず何十と知れぬ計器やバルブのハンドルがならび、これが大小さまざまのパイプに色わけされた電路と一緒に押し合って走り、隔壁をよじ、天井を埋めて、巣のように思えるからであろう。煙管服に身をかためた機関科運転下士官が操縦弁のハンドルにつき、緊張しながらわずかにハンドルを右左に動かしている。上方の大きな速力通信器は第五戦速を指している。速力三〇ノット。この速力通信器のリンケージは、艦橋の羅針盤の後、通信器当番がしっかり握りしめている速力通信器のハンドルに直結する。ハンドルはチリンと音がして針が原速、強速、第一戦速というように一コマずつ動き、その指示にしたがい運転下士官は操縦弁のハンドルを回し、蒸気圧力を調整するのである。

　出撃前に機関長が与えられている指令は「一五三〇ヨリ三〇節(ノット)即時　最大戦速二十分待機」というものである。意味するところは、二四ノット（第二戦速）の航進から命一下即座に三〇ノットが出せるように缶を調節し、さらに必要あらば最大戦速（三四～三五ノット）まで二十分間で速力を上げられるよう待機しておけということ。いま指令どおり、巻波は号令がかかると同時に三〇ノットに増速した。機関長は容易に想像することができる、缶室の噴燃機の先端からは噴霧状になった重油が猛烈に噴き出し、それが細かい火の柱となって飛散している様を。それは四〇〇度を超える高熱で燃えている。轟々たる通風の音がそれに押しかぶさっている。魔神の唸りとも聞こえる。機械室ではマンモスのようなタービンが右左に立ちはだかり、なかを太いパイプがうねうねと這いまわっている。タービンの回転やスクリュー主軸の回転が、絶えざる震動となって室全体を震わせている。主機械に叩きこませる膨大な熱量によって内部から熱せられながら、煙管服の機関科員が身じろぎもせずタービンの回転状況を見まもっている。

巻波機関長・前田憲夫(のりお)大尉、海軍機関学校四十五期(昭和十二年卒)、昭和十七年六月、巻波の艤装員として舞鶴工廠に赴任して建造業務に従事、八月十八日完成とともに機関長を拝命した。艦長・人見豊治中佐、先任将校兼水雷長・余田四郎大尉とともに完成引き渡しの翌日から、この新鋭艦の戦闘訓練にしたがった。

開戦いらい、新造艦の乗組員は、ふつう各艦や陸上部隊からの見知らぬ将兵の集合体として編成されるのを例とした。巻波もまたその一艦である。各科長としては精神的にも執務の上でもチームワークづくりをすることが、最初の主要な仕事となった。訓練二週間にして二水戦第三一駆逐隊に編入され、巻波は九月一日単艦でトラック島へ向け舞鶴を出撃する。臨戦準備完了。ミッドウェイの敗戦、ガ島での凄壮な戦いがはじまっていることも知らず、艦も兵も戦闘初参加のため士気旺盛・悲壮感などというしめっぽさは微塵(みじん)もなかった。

小笠原諸島付近を警戒南下中のある日のことである。兵学校を出て間もない少尉の航海士が士官室に入ってきて、いった。

「機関長、さっき天測をやりましたらね、なんとこれが本艦は無人島の上を走ってますわ……」

前田機関長はとっさにやり返した。

「本艦のエンジンはまだちょっと心配なところがあるが、機関員が抜群に優秀だからなあ、島の上でも山の上でも走るさ」

艦はこうした将兵の陽気さをのせて航走をつづけた。そのころ、太平洋戦争は、まだ一つ一つの艦では、一種えも言われぬ和やかさのなかに戦われていたのである。

しかし、同時に、巻波のような新造艦の場合には、ごくふつうの航海が慣熟訓練の場であったのである。航海中、プロペラ二本が損傷した場合を想定しての訓練、あるいは電気を消し、暗闇のなかでスウィッチやバルブがどこにあるかを覚えさせる暗黒訓練、蒸気がふきだしたとき火傷から身を守るためにビルジにもぐる応急訓練などが、機関長の陣頭指揮のもとに航海中に行われていたのである。

巻波はトラック島で高波（たかなみ）、長波（ながなみ）と会い、高波、巻波を第一小隊、長波一艦を第二小隊として第三一駆逐隊を編成した。そして旬日後ソロモン海の最前線に身を投じるのである。その作戦行動はほとんど高波、長波と行を一にするので改めて記すまでもない。このドラム缶初輸送作戦までに挙げた戦果を掲げておけば、それで足りるであろう。

急降下爆撃機二撃墜　魚雷艇一撃沈＝十一月十日

急降下爆撃機一撃墜＝十一月十四日

潜水艦一撃沈（砲撃命中二、爆雷十六発、不確実）＝十一月二十四日（注…米軍戦史に記載なし）

それよりも前田機関長にとって忘れられないのは、舞鶴出撃いらい、一時として頭をはなれたことのなかった機関故障が、敵前で起こったときのことであろう。それは、南雲機動部隊を護衛し、十月下旬の陸軍総攻撃に呼応して敵機動部隊との航空決戦を挑んだ南太平洋海戦のときである。決戦を目前にしてエバポレーターに故障が起こった。海水からボイラー水用の蒸留水（飲料水ともなる）をとるこの装置が作動しなくなり、ボイラー水がとれなくなった。修理不能となれば、艦は立ち往生してしまう。しかし艦隊は敵艦隊といつ接触するかわからない緊迫した情勢下にあって、高速警戒航行で突っ走っていた。巻波のボイラー水はみるみる減っていった。機関長は必死となった。いや、艦全体が懸命となった。この決戦に賭けた意気と、武人としての面目のためにも、落伍はできなかった。

しかし、ついに人見艦長は決断する。巻波は節水のため速力を落とし、艦隊の隊列から一時離脱することを。決戦場付近の海面、しかも単艦とあっては敵潜水艦群の絶好の獲物であろう。巻波には緊張と沈黙が支配した。乗組員は不意に空腹と渇きを覚える。しかし、食欲は感じなかった。

数十分後、急に艦内にざわめきが起こった。高声や、タラップの鳴る音が艦橋まで届いてくる。機関員の不眠不休の努力が功を奏したに違いないと艦長は思った。機関指揮所では防暑服をずぶ濡れにした士官が深い吐息をつき、修理されたエバポレーターを前に虚脱したように坐りこんでいた。電話が鳴った。とりあげた受話器の向こうから艦長の力強い声が響いていた。

「機関長、ご苦労だった。本艦はただいまより艦隊に復帰する」と。

……このときの、骨身を削るような思いが、いまも、前田機関長をして万事に慎重にさせている。ショートランド出撃この方、かれは機関指揮所をほとんど離れなかった。速力通信器が三〇ノットに増速を示したときいよいよ敵地に入るぞの想いを固め、あらためて、この日の午後に艦内拡声器によって艦長から全乗組員に伝えられた田中司令官の信号を思い出した。「今夜会敵ノ算大ナリ　会敵時ハ揚陸ニ拘泥スルコトナク……」。海の勇者として待ちに待った機会、それがいよいよ現実になる、と、もう一度覚悟を固めれば、にわかに緊張し心身が硬直するのをおぼえずにはいられなかった。

部隊は一直線に南へ南へ航進していた。雲が低くたれはじめた。西の方の水平線上に明るい、オレンジ色の光の帯が見えるのは、雲間を通してさしている夕陽である。すでに直衛の零戦はすべてその西の光の帯のなかに消えていた。上空には十二機の水上機が物差しで測ったような正確な三機ずつの編隊を組んで、ゆっくり力強く旋回をつづけている。

かれらの行く手にあるガダルカナル島より、このころ、きたるべき海戦において重要な役割を果たす敵情報告電報がラバウルに飛んでいた（一八時一〇分）。

『発ガ島江村参謀　宛第一一航空艦隊・第八艦隊参謀長

本三十日「ルンガ岬」（一部ハ「コリ」岬）ニ入泊セル敵艦船　輸送船九　駆逐艦十二』

この報告は、かならずしも田中部隊を迎え撃とうとしている敵情としては、正確なものではなかった。しかし、結果的にみて、この電報が田中部隊の攻撃精神をいよいよ奮い立たせたことは否めない。

同じころ、やがて田中部隊の真の敵となるライト少将指揮の第六七任務部隊は、サン・クリストバル島とレンネル島の間を通りぬけ、やっとマライタ島とガ島との間のインディスペンサブル海峡にさしかかっていた。艦隊にはなんら不満足な点はなかった。ライト少将がただ一つ気にかけねばならないのは時間である。決戦想定時間より一時間でも三十分でも早く、ガ島ルンガ沖に到着していなければならなかった。

第六七任務部隊は長い一本棒の隊形で進撃した。ガ島の日本陸軍の報告はまだこの艦隊を見てはいない。かれらは重巡洋艦を主力として編成されていた。二〇センチ砲をもつ重巡ミネアポリス、ニュー・オーリンズ、ペンサコラ、ノーザンプトン、軽巡ホノルル、それに駆逐艦フレッチャー（新式）、パーキンス、モーリー、ドレイトンの計九隻。

攻撃戦法もまた完璧である。それは、ハルゼイ大将が、「東京急行」を断乎阻止するためトーマス・C・キンケイド少将に巡洋艦部隊をゆだね、少将が過去の夜戦の戦訓を参考にし綿密にねりあげた秘密撃滅作戦なのである。ライト少将もこれをそのまま採用した。その骨子は、

①敵情が明らかになるまで敵に接近しない。

②駆逐艦部隊と巡洋艦部隊にわけ、ともに最新式ＳＧレーダーを備え、それによって敵を早期発見する。

③さらに艦載水上偵察機によって敵早期発見を期し、必要なら照明弾を使用する。

④戦闘開始後はまず駆逐艦部隊は敵に突進し、魚雷による奇襲攻撃を加えた後、思いきりよく横に開く。

⑤つづく巡洋艦部隊は敵の視界外に占位し、敵との距離を一万二〇〇〇ヤード（約一万一〇〇〇メートル）に保ち、駆逐艦からの魚雷命中と同時に砲撃を開始する。

⑥この間いっさい無灯。探照灯も使用しない。味方識別灯も味方の砲火にさらされたときでなければ使わない。

ライト少将はこの作戦計画にもとづいて、ガ島の島影が水平線に見えはじめたころ、巡洋艦搭載の水上機を射出した。あらかじめこれをガ島前面のツラギ水上基地で待機させ、やがて起こるであろう夜戦に備えさせたのである。チャンスがきたら、これら水上機が前面にとびだし吊光照明弾を投下、敵艦隊は深夜の海面に否応もなく青白く浮かび出されることであろう。

作戦は緻密であり、そして艦隊は闘志に燃えていた。いまや太平洋戦争は逆転し、アメリカ海軍が思うがままの攻撃側に回ったのである。そのうえ、アメリカ海軍はようやくレーダーの実用が本格化している。十月十一日のサボ島沖夜戦（米国名エスペランス岬海戦）でアメリカ艦隊が勝利を占めたのも、やっと開発された新兵器ＳＧレーダーが日本艦隊を捉え、Ｔ字戦法をとることができたからである。ソロモン海での夜戦は人間の眼とレーダーの戦いとなりつつあった。ライト少将は、この不可思議な夜戦に対して結着をつけるべきときがきたと、大いなる野心を燃やした。

田中部隊はまったくそれを知らなかった。一八時四五分、旗艦長波は隊内電話によって、

「雪○ヨリ雪へ　第二警戒航行序列ツクレ」

と全軍に通報した。隊形は一本棒の単縦陣である。このままガ島に突入する。敵潜の不意の攻撃にも回避しやすく、戦闘に移るにもこれ以上の理想的な隊形はない。三十分ほど前に、直衛の水上機隊も燃料の限度まで上空を飛んでいたが、名残惜しそうに翼を振って基地に機首を向けていた（一八時一五分）。雲漠々、そして海また漠々。戦隊は再び孤独の前進をつづけるのである。

第一輸送隊を指揮する一五駆逐隊司令・佐藤寅次郎大佐（親潮(おやしお)坐乗）は司令部に簡潔に答える。

「雪一、了解ス」

第二輸送隊指揮は二四駆逐隊司令・中原義一郎中佐（江風(かわかぜ)坐乗）である。

「雪三、了解」

警戒隊指揮の清水利夫大佐（高波坐乗）も元気いっぱいに「雪二、了解ス」と答えてくる。

この瞬間、命令は発動され、たちまち海を攪拌（かくはん）して隊形がつくられる。手旗信号と発光信号による号令が各隊の各艦をつないでとんだ。先頭に警戒隊高波が占位する。そのあとに第一輸送隊、つづいて長波、第二輸送隊の順となる。距離間隔六〇〇、先頭の高波から最後尾の涼風（すずかぜ）まで四二〇〇メートルにおよぶ一本棒の陣形である。

若い将校のなかには、しかし、旗艦長波が先頭に立たないのをいぶかしく思うものもあった。指揮官先頭が伝統ではなかったか。

ともあれ、第二警戒航行序列が千軍万馬の駆逐艦らしく、巧みな操艦で、あっという間につくられたころ、第八艦隊参謀長よりの緊急電が旗艦長波の無電室にとび込んできた（一八時五〇分）。

『宛増援部隊指揮官
本日昼間「ルンガ」岬ニ駆逐艦十二隻　輸送船九隻入泊シアリタリ　警戒ニ関シ留意アリタシ』

ガ島の参謀よりの報告を転電してきたこの電報は、少なからず二水戦司令部を困惑させた。出撃前より会敵の算の大なることは推測されていたし、その際における心得は全軍に知らせてあった。しかし、あくまで予測でしかなかったことが、いまや現実となったのである。敵駆逐艦十二隻は輸送船の護衛としてルンガ泊地にいるのであろう。日がまさに沈もうというこのもっとも危険な時刻に、決まってやってくる敵小型機の空襲が今日にかぎってなかった、それもあるいはあえて水上艦艇によって夜戦を挑んでこようという米海軍の魂胆によるのではあるまいか。情報の不足は多くの新しい疑問を生みだしていく。

縦陣列のほぼ中央を走る駆逐艦巻波では、旗艦でのそうした困惑も知らず、のんき屋の三一駆逐隊主計長・清水章中尉が、寝室のベッドの上で、中尉にいわせれば「主計長の生命より大切な二つのもの」出納簿と課目帳を、太い紐で力いっぱいに縛っていた。いつの場合の出撃でも、かれは陣形が一本棒となるとこの作業を開始する。艦にもしものことがあったとき、これを身体にくくりつけて泳ぐつもりである。しかし準備することがかえって艦の無事を保証するようであった。いまは艦の安泰を願うがために万一の準備をするように変わっていた。中尉はそれに気づこうとしない。

清水章中尉、海軍経理学校二十八期（昭和十四年卒）、十七年八月に開戦いらい、着任していた第一一航空艦隊付（当時テニアンに司令部はあった）から舞鶴鎮守府付の辞令をもらい、内地へ帰れると喜んだところまではよかったが、くそまじめに後任者の着任を待っているうちに戦局変転、「第三一駆逐隊主計長を命ず」の電報を受け、後任者も事務引きつぎもあったものではない、追い立てられるようにしてトラックへ飛んだ。「のんびりしていたばかりに、内地へ行くはずが最前線へ放り込まれた。急がば回れというのは、ありゃウソですわ」といまも清水元中尉は苦笑する。

三一駆逐隊の司令駆逐艦は高波と決まって、主計長付の少尉が司令駆逐艦にいき、隊付主計長はほかの艦に乗り組むのを通例としていたから、中尉は長波に乗り組んで激戦のソロモン海にのり出した。しかし長波が二水戦旗艦となったので、こんどは出撃前に巻波に移った。

清水主計中尉は田中司令官とは二度目の対面であった。昭和十五年、田中少将（当時大佐）が金剛艦長をしていたとき、庶務主任として中尉（当時少尉）はその下につかえた。豪放ななかに細心、しかし一面ではこわいほど無口な艦長だったとの印象が残っている。そして、いまソロモン海で再び見た司令官は、さらに人柄に鋭角が加わり、やや眼の色が変わっているように、中尉には思えたという。

主計長といえば軍艦の一科長である。庶務、文書、経理、物品出納、被服、糧食そのほかの給養事務を担当する責任者。しかし、注意しておかなければいけないのは、駆逐艦に主計長はいないということである。駆逐艦が軍艦ではないからである。すべての軍艦では艦長が所轄長（大佐）である。その下に、副長（中佐）、砲術、水雷、航海、通信、運用、機関、工作の各長がいる（いずれも大尉〜中佐）。さらに軍医長、主計長がおり、すべて自室をもっていた。が、駆逐艦は四隻で隊を組み、所轄長は隊司令（大佐）である。そして一隻の駆逐艦の指揮を〝駆逐艦〟長（大尉〜中佐）がとる。つまり駆逐艦長は大型艦における〝砲術〟長、〝水雷〟長とほぼ、同格なのである。駆逐艦長のもとには水雷長（先任将校つまり副長を兼ねることが多い）、砲術長、航海長（中尉〜大尉）、機関長（大尉〜少佐）、さらに水雷、砲術、航海、機関の四分隊士（少・中尉）と通信士（少・中尉）がいるが、主計長、軍医長は各隊ごとにいるだけである。

清水主計長は海軍に身を投じて初めての駆逐隊着任であり、いらい、八十日、すべてにおどろきの連続となった。第一に乗組員の気質であり、第二に生活であり、第三にその糧食であった。すべてが大まかで、性急で、臨機応変なのである。ラバウルやトラックの基地で生鮮食糧を積むことがあったが、全員の一週間分に満たず、あとはジャガイモ、タマネギなどが二十日分、それでも米、味噌、醤油はどうやら二カ月分を積み、そして副食は缶詰によらねばならなかった。軍艦では毎日昼食はフルコースの洋定食だったが、駆逐艦は三食とも簡単な和食、しかも海が荒れればにぎり飯と梅干と漬物ですまさねばならなかった。巡洋艦以上の士官は毎晩真水の風呂に入れたが、駆逐艦では週一回がいいところ。小さな金だらい半分の水で歯をみがき、顔を洗い、身体を拭く。器用なものはふんどしぐらいさらに洗濯していた。

乗組員は士官もふくめて一言でいえば人品骨柄の粗野なものが多かった。どことなくみんなが似通っているのは、恐らくそれが最前線の顔なのであろう。南海の太陽に灼けた顔は黒褐色に近く、それだけに目と歯がいっそう白く光った。唇は永く陽に灼けて、荒れてがさがさしていた。かれらは無駄をいっさい嫌った。うわべな言葉やくどい理窟や、念入りな行動や小さな声を敬遠した。報告の書き方、論議のしかた、小利口な教訓、そして金モールの参謀肩章などはどうでもいいこととして退けていた。大事なのは敵と味方というきわめて単刀直截な論理だった。自分たちがやっているのは戦争学の研究でなく、戦争に勝つことだと思っている。無駄といえば敬礼にまで無駄をはぶいた。艦内で直立不動の姿勢で敬礼しようものなら、かえってぶん殴られる。着ている軍服はといえば……、いや、それはとても軍服といえるものではない。ゴム草履で艦橋に立つ士官もあれば、向こう鉢巻きで号令をかける艦長もあった。

だが、これが海の男だと中尉は思う。嘘や情実がない世界、そして一本筋の通った最高至純の軍規が一隻の駆逐艦を貫いている。かれらは一人一人が機械の部品のようにもち場で黙々と働き、しかも動きに無駄がなくて迅速であった。だれもが最善をつくしてそれぞれの任務を果たしていると互いに信じきった。そこから生まれるチームワーク。こうして生まれてくるさわやかな男の友情が小さな鋼鉄の船を包んでいる。これをしも男の人格といわなくて何であろうと、清水主計長は思うのであった。そして死の恐怖も忘れてソロモンの海が好きになり、駆逐艦にほれこみそうになっている自分に気がついて、中尉はおどろいている。

一六時五一分、日没。作戦室として使われている長波の艦長予備室では、このころ、敵情に関する論議が熱心にかわされている。沈黙する田中司令官や首席参謀・遠山中佐を前に、砲術参謀・井沢豊少佐、通信参謀・山本唯志少佐らは積極的にルンガ泊地への敵艦隊攻撃を主張した。どんなに避けようとしてもガ島揚陸は合戦に移行していくのではないか。

「いや、ことによらなくとも、行きがけの駄賃です、こちらからガンとお見舞いしましょう」

と快活に一人の参謀が言った。

「揚陸と合戦の二兎を追うのは危険です。なるほど理想からいえば敵海上兵力を撃滅して制海権をとってからのち揚陸することが望ましいでしょうが、現実の問題としては時間的に許されないことです。……とすれば……」

若い参謀たちは見敵必戦を主張して一歩も譲ろうとしなかった。戦前からたったいまその瞬間までつづけられてきた訓練につぐ猛訓練は、九三式魚雷を撃ち込み敵戦艦や重巡を相手に刺し違えるためのものであったはずである。少なくとも夜陰に乗じてこそやる輸送のためのものではなかった。ガ島の惨状を知るが故に口には出さず頑張ってきたものの、泊地に敵艦隊ありとわかった以上は、見敵必戦の日本海軍の伝統のままに生きてみたいと、口角泡をとばすのである。ハンチングの運送屋よりねじり鉢巻きの肉迫突撃隊が、かれらの、そしてまた八隻の駆逐艦全将兵の選ぶ夢ではないか。そこにかれらの生き甲斐も死に甲斐もあった。

「司令官ッ、お願いします」

少将・田中頼三はそっと口髭をさすった。

「わが部隊の任務は、繰り返すまでもなく、窮迫したガダルカナルの陸軍部隊に物資を補給することにある。それが第一目的である。不本意だろうが、一人の陸兵でも、あるいは一俵の米、一箱の弾薬でも、多く陸へ送り込むのが本筋である。ガダルの窮乏を思うときはなおさらである。したがって、わが方から能動的な行動をとることは許さん。たとえ会敵せる場合に於いても、である」

落胆と失望が参謀たちの顔に浮かんだ。日本海海戦いらいの海軍の伝統はどこへいったのか！　部下のそうした顔色をひとわたり見渡してから田中少将は、しかし、と言葉を言いついだ。

「さきに方針を明らかにしたように、備えを万全にして、万一敵に攻撃の気配があったなら、断じて二兎を追うつもりはない。揚陸補給の目的をなげうって、徹底的にこれを撃滅しよう」

そして潮風に灼けた顔をくしゃくしゃにして笑った。

「降りかかる火の粉は払わねばなるまい」

南海の落日は早い。雲が低くたちまちに視界が狭められる。艦尾のウェーキ（航路波）が真っ白く盛り上がる。いまや、夜のとばりに包まれて駆逐艦はかぎりなく訓練を積み重ね、極端に複雑な構造をもちながら、厳密な一つの機能のもとに動く鋼鉄の塊と変わっていた。その鋼鉄は鋭い刃のように海をきって進んでいく。鋼鉄の塊のなかには、小さな人間が落ち着いて、正確に、自分のしなければならないことを知りぬき、それを日常茶飯事のことのように果たしている。命令や報告の伝達は自動装置のように流れている。

巻波の艦橋で、清水主計長はぼんやりと今夜半の夜食について考えていた。連日のように戦闘配食では乗組員も飽きるのではないか。それにしても何が楽しみで人間はこうして苦しい任務を平気な顔をして遂行しているのであろう。出撃してしまえば、ほとんど何もすることのない隊付主計長には、夕闇のせまる一刻こそ戦争について考える好個のときなのかもしれない。人間の情熱とは、エネルギーとは、義務感とは……？　駆逐艦乗りには、ほかより多く与えられる航海加俸があるからなのか。いいや、駆逐艦長ですら俸給とさまざまな加俸を合わせて月に三百円足らずでしかない。日給でいえば、大尉が三円五十銭、中尉が二円八十銭、少尉が二円三十銭、下士官はそれぞれ八十九銭、七十三銭、五十三銭となり、一等水兵にいたってはわずか三十七銭である。こんな少ない金で泰然と死地に飛び込める男というものの奇妙な情熱、生き甲斐というものは、一体何なのか。

艦橋の隅で清水主計中尉が哲学的瞑想にふけっているころ、機械室直上の上甲板で、巻波機関長・前田大尉が大きく深呼吸していた。あるいはこの世の見納めになるかもしれない敵地侵入の夜、せめて外界の景色を一目見ておこうかと、機関科指揮所を離れてきたのである。しかし、大尉に見えるのは果てしない黒一色の海と、艦尾にふきあげるウェーキの白波に映えて無気味に光り輝く夜光虫である。部隊は速力灯も消して黙々と走りつづける。

星かげ一つない。低く厚く閉ざした雲を通して、天空を中央につらぬく天の川や、そしてロマンチックな南十字星を想い描くほかはない。それでも機関長は生きていることの喜びを胸いっぱいに吸い込む。なまぬるいような南の海の夜気であった。

9 重巡

一九三〇　針路一八〇度　速力30ノット
第二警戒航行序列最後尾・涼風

ライト艦隊は北上をつづけていた。北東の風四メートル、黒一色の海面、もう八〇〇〇メートル先の視界は暗黒のなかに呑まれている。艦隊はいまガダルカナルの突兀（とっこつ）たる山嶺を左に見てレンゴ水道に入ろうとする。そして狭い海峡のなかで、揚陸を終えた輸送船団を護衛しつつ帰途につく友軍駆逐艦五隻と、ライト艦隊はすれ違った。ガ島の参謀が敵情報告したのは恐らくこの船団であったのであろう。ハルゼイ大将はこの護衛駆逐隊に電令し、駆逐艦ラムソンとラードナーの二隻をライト艦隊に合流させるべく命じた。

これでライト艦隊すなわち第六七任務部隊の陣容は完璧になった。前衛に駆逐艦四隻、主力に巡洋艦五隻、そして新たに加わった駆逐艦二隻を後衛とする。先頭には最新式ＳＧレーダーをもった新鋭駆逐艦フレッチャーを配した。艦長ウィリアム・Ｍ・コール中佐はブラウン管上にいち早く日本艦隊を捕捉すべく、レーダーの作動を下令していた。艦隊は鋭い目を闇のなかに光らせつつ、二〇ノット、ひたすらルンガ沖めざし北上をつづけた。

レーダーとはRadio Detection and Rangingの頭文字をとったものであることは今日ではよく知られている。解説的翻訳をあえて加えれば、電磁的標定および距離測定器とでもいおうか。強力で、しかもきわめて短い電波を放射する原理にもとづいたもので、標定しようとする目標にぶつかるとこの電波は反射し、その反響が出発点に戻って記録される。反響の存在がすなわち目標の存在することを示し、これによって目標が標定でき、電波の発射と反響が戻るまでの時間を測定すれば、結局は目標への距離の測定ができることになる。

この方法はかなり早くから各国で考えられていた。原理は明白であるが、実用化までにはなお時間を要した。たとえば実用化するには、まず電波の波長の短いこと、および反射してくるきわめて弱いエネルギーを捕捉することができるような感度良好な受信機を装置することが先決である。これはかなりむずかしい条件となった。一九三七年ごろ、イギリスのワトソン・ワットの手によって等感度方式を完成、最初の標定用レーダーが備えられた。一九四〇年、ヒトラーの英本土爆撃いわゆる英国の戦い（バトル・オブ・ブリテン）において戦闘飛行隊の能力を最大限に発揮させ、イギリスを救ったのは、実にこの新兵器レーダーにほかならなかった。

そしてまた、いま、最新兵器レーダーは太平洋の戦い（バトル・オブ・パシフィック）においてアメリカ軍を救おうとするのである。レーダーを単なる目標標定のためばかりでなく、方位盤、射撃盤と結合させレーダー照準射撃法もアメリカ軍は完成しようとしていた。アメリカ海軍はやっと夜戦に自信をもちはじめた。ガ島戦がはじまった直後のツラギ沖の接戦（日本名＝第一次ソロモン海戦）で完膚なきまでに叩き潰された痛烈な体験もすっかり薄れた。つづくエスペランス岬夜戦（日本名＝サボ島沖夜戦）では逆に、レーダーによって日本艦隊を奇襲、これを徹底的にうちのめした。いまガ島をめぐる毎夜の海戦で戦われているのは、青い眼と黒い眼ではなく、人間の眼とレーダーの戦いであったのである。

旗艦ミネアポリス艦橋上で、ライト少将は満々たる自信と闘志を相貌にたぎらせながら、白波を蹴立てて進撃する全軍を見渡した。一本棒の単縦陣は先頭から、

第六七任務部隊第四群（司令ウィリアム・M・コール中佐）
駆逐艦フレッチャー（艦長コール中佐）
駆逐艦パーキンス（艦長ウォルター・C・リード少佐）
駆逐艦モーリー（艦長ゲルツァー・L・シムス少佐）
駆逐艦ドレイトン（艦長ジェイムズ・E・クーパー少佐）

第67任務部隊旗艦ミネアポリス

ソロモン海をいく第67任務部隊（駆逐艦フレッチャーより撮影）

そして第六七任務部隊第二群第三群の重巡部隊がつづき、ライト少将みずからが坐乗する重巡ミネアポリスは、艦長チャールズ・E・ローゼンダール大佐が指揮している。つづいて、

重巡ニュー・オーリンズ（艦長クリフォード・H・ローパー大佐）
重巡ペンサコラ（艦長フランク・L・ロウ大佐）
第三群（司令官マーロン・S・チダール少将）
軽巡ホノルル（艦長ロバート・W・ヘイラー大佐）
重巡ノーザンプトン（艦長ウィラード・A・キッツ大佐）

新たに任務に加わった駆逐艦二隻が最後尾を疾駆する。

第九駆逐隊（司令官ローレンス・A・アーベルクロンビー中佐）
駆逐艦ラムソン（艦長フィリップ・H・フィッツジェラルド少佐）
駆逐艦ラードナー（艦長ウィリアム・M・スィーツァー少佐）

この堂々たる陣容と完璧な作戦計画をもって、近接しつつある日本艦隊を殲滅しようというのである。ライト少将は考える、いずれにせよ、海戦を決定的ならしめるものは重巡四隻のもつ計三十七門におよぶ二〇センチ砲の徹底的な破壊力であろう、と。かりに敵が「東京急行」ではなく、重巡洋艦部隊だとしても、作戦どおりに推移すれば、勝利はわが手にあるであろう。この、闘志の提督に絶大なる自信感

を植えつけ、真価を発揮してみたいと誘惑する重巡四隻は、いずれもいわゆる条約型巡洋艦の系列に属し、日本艦隊でいえば妙高、那智、羽黒、足柄など一万トン重巡に匹敵したのである。

大正十一年（一九二二年）、ワシントンで調印された海軍軍縮条約は主力艦（戦艦、巡洋戦艦）の米、英、日の保有比率をそれぞれ五・五・三に決め、さらに一艦の排水量、砲の口径などにも制限をもうけたが、基準排水量一万トン、主砲口径二〇センチ以下の艦艇は主力艦ではなく補助艦と認められ、その保有量に制限が加えられなかった。ここに、各国の新しい建艦競争がはじまったことはすでに記した。どこの国も制限いっぱいで新しい巡洋艦を建造し、これで主力艦の戦力を補おうと競い合ったのである。

しかし、目的は一にしろ、そこにはおのずと、その国その国の戦いに対する考え方の差が生じてくる。日本海軍では、先の妙高型の四重巡と、それにつづいて愛宕、高雄、鳥海、摩耶などを建造し、制限排水量内でできるだけ多くの二〇センチ砲を具備しようとした。が、アメリカ海軍はやや日本と異なる方向を志した。その大戦略からみても、かれらが最終的に企図するのは輪形陣による渡洋作戦である。仮想敵国・日本近海まで進攻し、一挙にこれを葬る。この大戦略にもとづいて条約巡洋艦群は偵察艦隊として単独の集団を形成するか、あるいは空母とともに高速機動部隊として行動することなどが考えられていた。この戦術的観点からアメリカ海軍の条約型巡洋艦は偵察能力、長大な航続力、航空兵力などを特徴とするようになった。そういうものの、二〇センチの砲力は日本海軍の条約型巡洋艦（十門搭載）と比べてみても格段に落ちるというわけでもない。

アメリカ海軍が開戦前に、全部でこの条約型巡洋艦十八隻を保有していたことは広く知られていた。結論的にいえば、そのうち十七隻が太平洋戦線に参加し、七隻が沈んだ。とくにガ島争奪戦においては、戦艦主力を真珠湾で失ったアメリカ艦隊の海上砲力の主体として、実によく戦ったことは記憶しておいてよい。

開戦時、ニュー・オーリンズは真珠湾に在泊し、至近弾でわずかに被害を受けたが、ほかの三艦は広く太平洋上に散らばっていた。ノーザンプトンは、空母エンタープライズ（ハルゼイ中将坐乗）を基幹とする機動部隊の直衛重巡部隊の旗艦として、真珠湾の西方二〇〇浬の海上にあった。このときの重巡部隊の司令官はのちにミッドウェイ海戦で名をあげたレイモンド・A・スプルアンス少将だった。ミネアポリスは掃海艇とともに真珠湾南方で行動中であり、ペンサコラはマニラへ向かう陸軍部隊や飛行機を積んだ輸送船団を護衛中で、開戦と聞きあわててオーストラリアへ針路を変えた。

真珠湾で一敗地に塗れたアメリカ太平洋艦隊は、その後も苦しい戦いをつづけた。主力を失った以上、基本の大戦略の実行もならず、生き残った重巡と空母に、大西洋から回航してきた艦艇を加えてやむなく機動部隊四群を編成し、もっぱらヒット・エンド・ラン戦法により強力な日本海軍を攪乱するほかはなかった。そのクライマックスがドーリットル中佐指揮の東京空襲（十七年四月十八日）である。これには空母ホーネットを護衛してノーザンプトンとペンサコラが参加。

ガ島戦がはじまる時点では、ミネアポリスとニュー・オーリンズは空母サラトガを基幹とする機動部隊に属し、必死のガ島上陸作戦を支援、ノーザンプトンとペンサコラは空母ホーネットとともに、ハワイ近海を防衛していたが、急ぎソロモン海へ直行せよの命をうけてこれも八月九日にガ島の戦場へ向けて出撃した。その後は激戦が続いた。同じ条約型重巡アストリア、クインシー、ビンセンズらが第一次ソロモン海戦で沈み、同じくシカゴは大破。ソルト・レーク・シティは第二次ソロモン海戦で傷つき、第三次ソロモン海戦ではポートランドとサンフランシスコが大破して最前線から退いた。

うちつづく激闘にガ島第一線から重巡洋艦はつぎつぎに姿を消した。なお進攻してくる日本艦隊に対して、機動部隊を直衛している重巡を分離して進出させるほかはなくなったのである。第三次ソロモン海戦第三ラウンドで虎の子の新鋭戦艦を機動部隊直衛からはがして放り込み、いままた重巡部隊も手放してガ島防衛に振り向ける。ここに艦船や陸兵を小出しにして消耗を強いられた日本の指揮官と異なり、猛将ハルゼイ大将の果敢な闘志を見ることができる。

その闘志を受けつぎ、南太平洋海戦では空母直衛として日本機を相手に苦戦した歴戦の重巡四隻を率い、初めて砲力にものをいわせようと、ガ島海面に進出してきたのがライト少将の任務であった。こうして艦隊は二〇センチ主砲をみがきつつレンゴ水道よりルンガ岬沖にさしかかる。戦機はようやく熟しつつあった。

アメリカ艦隊は戦争だけをやっていたが、日本艦隊はまだ運送屋をやっていた。

艦名	基準排水量（トン）	主砲（二〇センチ）	搭載機数	馬力	速力（ノット）	竣工
ペンサコラ	九一〇〇	一〇	四	一〇七〇〇〇	三二・五	一九三〇
ノーザンプトン	九〇五〇	九	四	一〇七〇〇〇	三二・五	一九三〇
ニュー・オーリンズ	九九五〇	九	四	一〇七〇〇〇	三二・七	一九三四
ミネアポリス	九九五〇	九	四	一〇七〇〇〇	三二・七	一九三四

ガ島よりの電報は伝えている。それは、一カ月以内に新鋭部隊二個師団を送るからというラバウルの方面軍よりの電報に、ガ島の参謀が悲痛に答えたものであった。

『日々一〇〇人平均餓死シアリ　ソノ比ハ高マル一方ナリ　二個師団ノ増援ノ到着マデニハタシテ幾何ノ生存ヲ保持シ得ルヤ　予断ヲ許サズ』

恐らくこの報告電報は実情の何割引きかを伝えたものであろう。実情は連日のように数百名の将兵が餓死している惨状なのである。ガ島の将兵はアメリカ軍と戦うよりも飢えとマラリアと戦っていた。戦闘に従事していたもの二百名という。島は死臭に満ち、兵隊は「死亡早見表」をつくった。

立ち上がれるもの……………………………………あと三十日
起き上がれるもの……………………………………あと二十日
横になったまま小便をするもの……………………あと三日
口がきけないもの……………………………………あと二日
またたきもできないもの……………………………翌朝

駆逐艦乗りはこの悲惨な陸上の現実を、あるいは食糧や医療品を揚陸する際、あるいは傷病兵を移乗させる際に、いやでも眼の前に突きつけられた。大本営のおかした「罪万死に値する」大いなる過ちを、かれらは血と汗をもってあがなわなければならなかった。駆逐艦乗りはだれも不平不満を口にはしなかった。なぜなら輸送がいちばん必要であるから。輸送が主作戦であると考えるようになった。かれらは勇んでハンチングの運送屋に全力を投入していたのである。

縦陣列の最後尾を行く駆逐艦涼風もガ島戦はじまっていらい、ほとんどソロモン海から離れたことのないベテラン艦の一隻である。昭和十二年八月三十一日浦賀ドックにおいて完工した白露型十隻のうちの、最後の艦で、このあとは改良されて朝潮型駆逐艦の誕生となる。開戦前から、涼風は同型艦海風、山風、江風と組んで四水戦第二四駆逐隊を編成し、戦いがはじまると比島攻略部隊第四急襲隊としてレガスピー急襲占領に参加、つづいてラモン湾上陸作戦直接護衛、つづいて翌十七年には蘭印部隊の護衛隊としてボルネオ島のタラカン攻略作戦（一月七日〜十七日）、パリックパパン攻略作戦（一月二十三日〜二十七日）を支援した。

駆逐艦涼風の不運はこのあとに見舞った。二月四日、セレベス島のケンダリー湾外哨戒中、敵潜水艦の不意の雷撃を受け、とっさに回頭したが間に合わず、艦尾を飛ばされ中破した。戦死下士官兵九名。やむなく内地に帰投、ドック入りとなった。そして僚艦の江風、山風らがスラバヤ沖海戦で敵艦隊と日夜にわたって猛戦するのを、遠く病床から手をこまねいて眺めていた。

傷癒えた直後、ガ島戦が生起した。折もよくアリューシャン方面の攻略作戦援護を終えて内地に帰投していた江風や、海風と再び一緒になり、二水戦に編入され、涼風は戦場におどり出た。しかも、こんどは予想すらしなかったほどの苛烈な最前線へ。いや、新しい戦場は涼風のみならず連合艦隊将兵のだれもが予期できないほどすさまじい戦いの連続なのである。ショートランドの盆踊りであり、ネズミ輸送であり、暗闇のなかの陸兵や食糧の揚陸であった。華々しい肉迫戦闘などどこにもなかった。補給力と物量の戦いとなっている。戦争は大砲や魚雷を撃つ前に決していた。

涼風の艦長・柴山一雄中佐、海兵五十二期、歴戦の強者だが、さすがにこの引き潮の戦闘にはいかにして戦ってよいのか見当もつかない。敵の制空権下にあり、しかものびきった日本の戦力、そこから生じるのは堕々たる守勢気分だけである。勝敗を左右するのが、物量、機械力、科学力などという日本にとってすぐ適応できないものばかりなのである。一体われわれはどう戦えばよいのかと艦長は痛憤した。いまさら望むべからざるものを望んだところで、絵に描いた餅ほどの効能もない。やはり、この守勢気分を脱し、もてる力のすべて（それは文句なしに月月火水木金金で鍛えたもの以外にはないが）をフルに発揮して、一艦一艦が任務を忠実に果たすほかはない、と繰り返し繰り返し同じような、平凡な結論に落ち着くのである。

柴山艦長がとまどうのも無理はなかった。日本海軍が、ということはまた日本人が、そのときまでずっと考えてきた戦力の基礎というものは、限度があり非能率的な精神力と、技術の錬磨ということであったからである。戦争がはじまり、アメリカ軍が何万馬力もある大規模な機械力や膨大な生産力を前面に押したてて戦いを挑んでくるのに対して、対抗手段が日本にはほとんどない。現代戦は科学戦、物量戦であり、経済戦であると、陸海統帥は必死になって叫びはじめた。そう叫びながらも、実は牢固として抜きがたい一つの観念にとらわれていた。〝必勝の信念〟というものである。指導層は、太平洋戦争とは結局のところ物量と魂の戦いであると結論づけ、物量に際限あれど魂に際限はないとした。ここに大本営は戦力の基盤をおいたのである。しかし、必勝の信念とは一体何であったろうか。「必ず勝つ、勝ち得る」信念なのか、「必ず勝たねばならぬ信念」なのか。そう繰り返し強調することで、かえって真剣な工夫と努力のともなわぬ安易な気持ちに陥っていたのではなかったか。しかし、戦理は冷厳であった。肉体は弾丸に勝てなかった。

　ガ島争奪戦全体を通してみて、日本軍には終始一貫した大戦略がなかったと結論づけてもよい。艦船も、陸軍部隊も、補給物資も、全体としての総合した長期計画もなければ、また決められた大目的もなしに、そのときどきのやむを得ない必要だけに応じて、少しずつ集められ投入されたものであった。のみならず、その間における陸海軍の協同は実にぶざまなものであった。そのうえに、米軍の戦力をいつも過小に評価した。米軍の勝利、ということは日本軍の敗北には、いつの場合にも反対論がとなえられ、巧みな口実がもうけられ、欠点がカバーされた。これが日本のその日ぐらしの作戦指導であった。消耗戦に引き込まれたのではない。極論すれば、「攻勢終末点」を無視し、生産するそばから兵器や物量を使い果たし、日本軍の方から消耗戦をあえて挑んでいたようなものであった。

そして大本営は、物量においてはかなわないから精神力において勝てと強調した。物量でかなわぬことは戦前からだれもが知っていたことではなかったか。日本においては〝敗ける〟ということが〝自分で敗けたと思う〟ことと同義になった。これで膨大な戦闘力に基礎をおき、指揮官の戦略指導も無理がなく、隙もなくひた押しに押してくる米軍の戦法に、第一線日本部隊は寡兵、しかもろくな戦力もなしにどうして立ち向かえというのであろうか。しかし、なおかれらは歯を食いしばって戦った。ガ島戦が海上部隊に関するかぎり、五分と五分で戦い得たのは、字義どおり第一線部隊の下級将兵がいかに優秀であり、勇敢であり、忠実であり、死を恐れずに戦ったかを証明する以外のなにものでもない。

いや、まだ結論をいそぐときではなかった。わが田中少将の率いる高波、親潮、黒潮、陽炎、巻波、長波、江風、涼風の八隻の駆逐艦がガダルカナルへの道を南下しているのである。一九時三〇分、サンタ・イサベル島の山影に南の太陽が没してからすでに四十分たっている。月のない海に旗艦長波よりの発光信号がしきりにまたたいている。

「ルンガ岬付近ニ敵艦隊アルモノノゴトシ」

各艦はこの敵情報告に勇みたった。涼風艦長・柴山中佐は再び昼間の電報を反芻(はんすう)する。「会敵時ハ揚陸ニ拘泥スルコトナク敵撃滅ニ務メヨ」。この信号が千鈞(せんきん)の重みとなって艦長のへそのまわりに凝固するかのようである。それとともに、ソロモン海で沈んだ多くの駆逐艦のことが思い出されてくる。輸送船がわりに宿命を背負って走りつづけた駆逐艦の隊列が、眼を閉じると眼前にほうふつとしてくる。どうにもならぬ戦闘方式の限界、それがついに突き破れずに、かれらは与えられた任務のなかに憤死した。そして今日もまた、駆逐艦はガ島へいそぐ。宿命を背負った自分たちの人生の姿を思わせるかのように、一列にならんで……。

10 豪雨

二〇五五　第二戦速
第二水雷戦隊各艦

田中部隊はガ島への最後の航程であるラモス島付近にさしかかった。

先頭を行く高波の航海長・江田予備中尉は気が気ではない、いら立つような想いを味わっている。陸影の見えない北方偽航路の航海、しかも一日中つづいた曇り空のため容易に天体観測もならず、部隊は艦位がきわめて不正確なまま前進をつづけているからである。果たしてうまくラモス島とイサベル島との間の、幅四浬の水道を三〇ノットの高速のままで通過できるであろうか。高波は部隊の嚮導艦であるだけに、航海長は重い責任を感じるのである。

同じような心配は八隻の駆逐艦の航海長や航海士には共通のものであったろう。距離間隔六〇〇メートルで辛うじて先航艦のぼんやりとしたシルエットが眺められるとはいえ、ときに海面上を流れる厚ぼったい靄にかくれて見失うことがあった。こんなとき、航路をはずしたのではないかと思わず背すじにしびれが走った。

二番艦親潮（おやしお）の航海士・重本少尉はガ島出撃のたび、これまでにも何度となく不敵なことを思った。暗夜のガ島輸送も初めのころ、有馬艦長にしばしば怒鳴られた記憶はほろにがい。

「航海士ッ、位置が違うのじゃないか。陸軍がおらんぞ」

低速で、艦を作戦計画どおりの地点に、決められた時間に静かにもっていく、それだけでも身を切られる思いを味わうのに、やれやれ着いたと安心したところで、ガ島よりの連絡信号が見えない。このときほど、少尉は天を呪い、わが身をうらみ、情けなく思ったことはない。死地に入って立ち往生。少尉が心から不敵なことを思うのはこんなときである……早く親潮が沈んじまった方がいいや、と。沈めばかれの任務は終わる。それまで、かれは消耗品であり、死ぬまで内地に戻れぬ名もなき戦士の一人であった。しかし、親潮は沈まない。出撃することすでに十四回。なお不沈である。だから、重本少尉は暗い艦橋の海図台にへばりついて、しきりとディバイダーで距離を測定しているのである。

しかし、その海図すらが、日本の委任統治領であった内南洋のマーシャルやカロリン諸島の軍機海図の精密さとは異なり、イギリス政府がいつのころか測量してつくった（らしい）ものを複写した図で、しかも、メートル式でなく尋（ひろ）であり、フィートで水深や標高を大ざっぱにあらわしていた。これを日本海軍は「南方要図」として使ってきた。しかし、どんなに粗末きわまるものであろうと、この一枚の紙片が艦の生命をあずかる道標であった。

陽炎（かげろう）の航海長・市来中尉もまったく気の休まる暇がないと考えていた。敵機の攻撃のいちばん危険な夕刻を無事にすごすと、つぎには暗黒のなかの手さぐりの、しかも高速の航行がひかえている。絶えず頭を働かしていなければならない。単縦陣、すぐ前の方に僚艦黒潮が、というよりも何か黒い塊が見え、そして後ろには巻（まき）波（なみ）の艦首に当たって砕ける波が月の光もないのに、何の光を受けているのか白く眺められる。自分の乗る陽炎の航跡も白く光って伸びて、やがて暗闇に溶け込んでしまう。いまかりに陽炎が艦位を誤って浅瀬か珊瑚礁にでも乗り上げたら、この高速では後続艦は恐らく回避できないであろうと中尉は思う。そう思うことで航海長はますます神経質になった。しかもラモス島は、島という名こそついてはいるか、海面すれすれの珊瑚礁でしかないのである。

夕闇がせまるとともに雨雲が低く海面を這うように垂れはじめていたが、やがて沛然（はいぜん）たるスコールが艦隊をすっかり包みこんだ。二〇時、ラモス水道に部隊が入ろうとする直前であった。スコールは南海の夏特有の冷たい風をともなっている。前も後も視界がふき消される。三〇メートル先が見えない。将兵は黒い雨合羽をまとう。無灯。各艦はあえぎながら雨と格闘した。艦橋のガラスは落下する瀑布そのものとなり、双眼望遠鏡にも急いでカバーをかけ、いまは肉眼で前方をすかし見るよりほかはなくなった。各艦は間隔をひらき、隊形はかなり乱れた。それぞれが両舷灯と艦尾灯を点じ、それでもなんとか隊形を保とうとつとめた。

「速力適宜」

と長波から信号が送られてきた。ドラム缶揚陸が予定時刻より遅れるがそれもやむを得ない。豪雨を浴びる艦橋からの眺めは、不吉な匂いをもっている。艦の前に深淵が口をあけて、しぶく海はそのまま艦をのみ込もうとしているかのように眺められる。暗闇が声をあげてひょうひょうと叫んだ。それが無電の空中線や信号索を打つスコールの音だと気づくためには、ややしばらくの間があった。自分たちが乗っているのが鋼鉄の艦であることを忘れて、なぜか不意に襲ってくる悪魔におびえている木の葉の船のように、将兵には思えた。

高波の江田予備中尉は視界の閉ざされた航行を懸命に音測でつづけていた。艦底から発した音響が海底に当たってはねかえる時間で海の深さを測る。しかし高速では誤差を生じて四〇〇メートル以上は測れないが、とりあえず暗礁警戒のためにはそれで十分であろう。手さぐりである。音測室からの伝声管が、しばらくの間は「とどきませーん」「とどきませーん」を繰り返していたが、突然、江田航海長をおどろかした。

「五〇（五〇メートル）」

しかし、つづいて「一二〇」「六〇」「一〇〇」「八〇」と瞬間瞬間で変化する水深を刻々と知らせてきた。江田中尉は海底の珊瑚礁の不規則なたたずまいを容易に想像することができた。有史いらいだれも見たことのない南海の大自然。その悠々の流れを思った。それに比べれば地上の人間の営みのなんとはかないことか。まして戦の空しさ……しかし、中尉はすぐ航海長の任務に意識的に戻る。そして前方の、不安な闇の底をなおじっと見つめ、ときどき襲いくる心の動揺に耐える。音測室からの叫びが、そのとき、江田中尉の心臓に突き刺さった。

「二〇ッ」

中尉はとっさの処置をとった。各艦の吃水は白露型三メートル五〇、陽炎型と夕雲型は三メートル七六。その上にいま身動きをとれぬほどのドラム缶を積んでいる。

「おも舵いっぱい、両舷前進原速、艦尾灯白一個」

中尉の独断の号令で、高波は急回頭、速力を落とした。司令・清水大佐も小倉艦長も一言も発せず、前方を注視。高波の速力は一挙に一二ノットまで落ちた。江田中尉は振り返った。後続の親潮（おやしお）は？　黒潮（くろしお）は？——案ずるまでもなかった。各艦はただちに即応して整然と同じコースを、高波についてくる。

二番艦親潮では、重本航海士が高波の急回頭を見て、あわてずに大声で号令する有馬艦長に、鍛えぬかれた海の男の真骨頂をみたように思っていた。それは潮風に鍛えられた咽喉だけが発することのできる、つらぬくような声であった。艦長がたえずいっていた言葉「自分たちはこの大戦のために生まれてきたのであり、そのために国家から大事にされてきたのだから、精一杯戦うのだ」という明快な心事が、あらためて切実さをともなって思い出されてくる。

日米戦争が、日本という国が発展していくための歴史的必然であるならば、確かに、自分たちはこの戦争のために生まれてきたということができる、と若い重本少尉は考える。だが一方で、「本当はこの無謀な戦争をしてはならなかったのだ。海軍はそれを望んではいなかった」という低い声も、時に、心ある上官から聞かされることもあった。世界を相手に戦うのは誤っている。日本海軍はFleet in being「建艦はすれど戦争はせぬ」という初志をつらぬくべきであった、という。若い重本少尉には一体何が真実かわからない。そして、現実に戦いがはじまってしまった以上は、日本海軍の伝統と将兵の闘魂は敵艦隊撃滅の一点に集注する、と少尉はいとも無造作な結論に到達してしまう。自分一個を秤にかけてみれば、必然であろうが無謀であろうが大差はない、「いざとなれば死ぬだけさ」とあっさり心を決めるまでなのである。

部隊はスコールのなかを再び南に変針して航進する。高波の艦橋からは、雨を通して見張り望遠鏡でラモス島のリーフに砕ける青白い磯波をかすかに望見することができた。夜光虫が波と戯れるのがレンズに映じたのであろう。
「ラモス島左七〇度、距離三〇、四戦速に復します」
と江田航海長が艦長にいった。部隊はいまラモス水道の中央を通過しつつある。高波の航跡の上を全艦がそのまま乗って追尾する。航跡をつなげれば美しい直線を描く。難所を、かれらの鍛えぬかれた腕の冴えで、ともあれ一つ越したのである。

田中部隊は再び生き返ったように増速する。スコールの幕を通りぬければ、わずかに星ののぞく夜空があった。航行序列を正すと、ガダルカナルへの予定の航路にのった。スコールのあとは日本内地の夏の夕立のあとのようなさわやかさが、しばし艦橋に訪れてくる。長波の司令室では、時間の遅れを取り戻すために、サボ島西方四浬にまで接近し、そこから針路一八〇度で一挙に南下、ガ島前面に進入すること、作戦をたて直した。

巻波艦上では主計長・清水主計中尉が、スコールのなかの苦しい操艦のため、ほとんどの艦の幹部や乗組員が夕食の箸をつける暇のなかったことを、大いに歎じていた。腹が減っては戦ができぬというが、その状態のまま敵地に突入させることは主計科員の不手ぎわというべきであろう。やむなく主計長は、主計科員を総動員し、にぎり飯をこしらえ各分隊に運ぶように命じた。戦場においては国費を正しく使うこともまた難事の一つであるな、と清水主計中尉は妙なことに感じいっている。

二〇時五五分、部隊は速力を第二戦速（二四ノット）に落とした。敵水上機の哨戒圏に入り、これに発見されぬためにも、ウェーキをできるだけ消さなければならない。悪天候と運のよさと、そしてアメリカ海軍の油断と、これだけのものが重なりあって、このドラム缶輸送作戦はことによるとうまくいくかもしれないと、首席参謀・遠山中佐は思った。そして、駆逐艦によるドラム缶輸送がラバウルにおいて考えられたときの、田中司令官のおだやかだが、それだけに強くも響く反対の言葉を、一つ一つ思いだした。その要点は――。

(イ)敵制空権下に独力突入し敵航空機の好餌(こうじ)になることが多い。
(ロ)わが行動は地域的にも時間的にも束縛され、かならず敵の綿密な索敵網にひっかかり、敵はわが意図や行動を知悉(ちしつ)したうえで、どんな対応策をも講ずることができる。
(ハ)わが軍は輸送と戦闘の岐路に立ち、敵の水上艦隊に対してもきわめて不利な情況で相まみえなければならない。
(ニ)本作戦に参加する駆逐艦は決戦兵力の精鋭ばかりであり、その損傷は作戦の全局からみて、忍ぶべからざるものがある……。

田中少将はこう論じてドラム缶輸送作戦に反対した。しかし、論じつくしたあとで少将は、ガ島陸軍の現状を思えば、成功の算がかならずしも大とはいえないが、軍人であるかぎりやらねばならないと、あっさり上級司令部の命令に服するのであった。遠山参謀は、いま、司令官のいう理由の(イ)と(ロ)をなんとか往路だけは乗りきれたのではないかと楽観する。午前中にB－17一機が飛来しただけで、その後はなんの敵からの応援もない、ということは、敵の裏をかいてこの作戦は成功しようとしているのではないか。ガ島まであと数時間。参謀の期待は、いまや確信にまで高められようとしていた。残された問題は(ハ)ということになる。艦首波のもり上がりと身体に伝わる艦の震動とから、遠山中佐は第二戦速に減速されたことに気づく。

息をこらして航進していく危険な敵地の空は、やわらかい黒のビロードのようにひろびろと前方にひろがっていた。

11 サボ

二二四〇　針路一九五度　速力21ノット
第二水雷戦隊各艦

ガ島西端のエスペランス岬からサボ島まで幅一万三〇〇〇メートル、このあまり広くない水道がいま日米両艦隊の決戦場になろうとする。

二一時四〇分、田中部隊は針路を一二〇度にとった。イサベル島の東端をかすめ、サボ島の西端に直行する。八隻の駆逐艦のタービンはうなりを上げて回転をつづけている。ガ島を目前にして間違っても船足に支障をきたすことがあってはなるまいと、操縦ハンドルをしっかりとにぎり、そして計器をにらむ運転下士官のまなざしは真剣そのものになっている。

巻波（まきなみ）の機関長・前田大尉はそうした分隊員を見るたびに、戦闘を、大きくいえば日本海軍を、そして日本帝国を支えているのは、かれら下士官兵だと思う。訓練によって鍛え上げられたかれらの技倆と、なおその上の研究と、真摯な向上心と旺盛な責任感、これこそが戦塵によっても埋もれることのない日本の財産だ、との思いを深くする。慣熟訓練も暗黒訓練も歴戦の間に、十分すぎるほど上達し、研究しつくされていた。恐らく、いまの巻波ならば、三つある缶のうち二つまでがやられても、残された一つで二一ノットまでは出し得るであろうとの、強い自信が機関長に生まれていた。こうしてみれば真に戦争をしているのは、われわれ士官ではなく、ましてや総長や長官や参謀なんかではない、下士官と兵だと、機関大尉は思う。そして前田機関長は今生の見納めにと艦橋で眺めた暗黒の大海原をもう一度思いうかべた。それにしても自分の棺とするには〝鳥の巣〟のなんと乱雑なところか。見回した周囲から下士官兵のいきいきとした眼が機関長にそそがれていた。

ライト艦隊はルンガ岬沖を通過しようとしていた。二三時までにガ島到着の懸命の努力はむくいられた。ミネアポリス艦橋の時計の針はやっと二二時二五分を指している。優に半時間余の余裕をもって戦場想定海面に達したのである。このときになって、わずかな不満があるとすれば、早期敵発見のための警戒艦(ピケット)を、サボ島の外海にまで送れなかったことであるが、ライト少将はほとんど意に介さなかった。代わりに新式のSGレーダーがある、というゆるぎない自信がかれの陽灼けした相貌にみちみちている。

前衛駆逐艦群は主力巡洋艦部隊の三七〇〇メートル前方を、いよいよ警戒を厳にして前進する。巡洋艦部隊は開間隔を九〇〇メートルにとり、不意の攻撃にいつでも即応できる態勢をとった。このころまでにはライト少将は、進撃してくる日本艦隊が「東京急行」であることを、ブインの海岸見張員(コースト・ウォッチャー)やB－17の上空偵察の報告によって熟知していた。しかし、毫(ごう)も油断してはいなかった。日本の駆逐艦というやつは、と少将は思う。『アメリカ駆逐艦戦史』を書いたセオドア・ロスコオの筆を借りよう。

日本の駆逐艦というやつは、「知識をいっぱいつめこんだ武骨な水兵を乗せた艦であった。このごつごつした小さな艦が、長い月日にわたって、金剛とか大和とかいう巨艦でさえ怖れをなして入ってこない水域に進入し、山本の連合艦隊のために、汗水たらして汚い作業をやりとげた。激しい作戦行動で、ひどく疲れてはいたが、もともと裏通りの猫のように、実戦と訓練で打ち固められた男たちだ。かれらは老獪な猫の処世術――戦場においてどう姿を隠したらいいか、一撃を加えて逃げるにはどうすればいいか、夜戦はどう戦えばいいかを、心得ていた。その上、かれらは手に一つの恐るべき武器をもっていた。蒼い殺人者すなわち超高速の酸素魚雷を」。

ライト少将も、日本の水雷戦隊については手ごわい相手として考えている。多くの同僚の話や、過去の戦歴や戦訓からすべてを察することができた。その日本の水雷戦隊と、初めて顔を合わせるのである。それだけに一層警戒の心をひきしめるのであった。

ミネアポリスのレーダーは、ガダルカナルの長く伸びた海岸線と、小さな丸いサボ島を黒い点として捕捉した。まだ日本艦隊の影はない。しかし、昨日は確かに在泊し、今朝すっかり姿を消していたショートランド泊地の日本駆逐艦群が、ガダルカナルに向かっていることに間違いのあろうはずはない。あるいはもうサボ島のすぐ向こう側を忍び足で近寄ってきているのかもしれない……。

裏通りの猫に似た虎とアメリカ海軍に恐れられた日本海軍の水雷戦隊は、このとき、サボ島の西北海面を航進していた。二二時三〇分、さらに速力を落とす。第一戦速（二一ノット）で、ライト少将が想像したように、確かに忍び足でガダルカナルへと近づいている。敵の見張り所があると考えられているサボ島の前を、夜の闇にまぎれて侵入するのである。

長波（ながなみ）艦橋では、司令官・田中少将は右端の猿の腰かけに痩軀（そうく）を乗せ、放心したような表情で前方を注視していた。この指揮官にはいつも気張ったところがない。作戦の根本的な反対の意を、言うだけは言った後のさわやかさが、この提督にはいまだにただよっている。戦場に出れば、ただ一つのことしか考えていない。任務を無二無三に遂行するだけなのである。首席参謀・遠山中佐は、いよいよ虎穴に入るぞと身うちにひきしまるものを感じている。確かにいる、と思う。しかも警戒は厳重らしく、サボ島の東方海面に殺気がみなぎっていると第六感が痛いようにひびく。これまでの数次の突入の経験からおしても、周辺のただならぬ雰囲気は、敵艦隊の存在を明らかに示している。しかし、と、また別の考えも頭に浮かび、遠山参謀は苦笑してしまう。

「これまでだって、サボ島を見るたび、いつも同じことを考えていたのではなかったか。〝いる〟ことは確かにいると……。だが、〝いない〟ことが多かった。人間というのはおかしなものよ、それでいながら、いつもこんどだけは間違いなく〝いる〟と思っていると」

サボ島のこんもりもり上がった丸い島影は、将兵すべてに同じ感慨を抱かせるらしい。この前はいなかったが、こんどこそは敵が待ち伏せていると。

高波(たかなみ)の航海長・江田予備中尉がかすかにサボ島を望見したとき、ふと、後部操舵室のことを気にしたのは、やはり同じような心理が働いたためかもしれない。前回の輸送のとき故障を起こし一瞬艦橋を硬直させた。虎穴に入ろうとするいま、再び同じ事態をひき起こしたら大事となると、中尉は思ったのである。艦内は総員戦闘配置、白鉢巻きに必殺の気合をすさまじくもこめている。江田航海長はその間をすりぬけて、後部に走った。操舵室は第二煙突のすぐ後ろにある。操舵員は決められた配置につき、眼だけをぎらぎら光らせていた。艦内は無気味な静寂に包まれる。舷側をすべって流れ去る波頭のどよめきと、機関の心地よい震動が、耳につきささるように伝わってくる。この静けさにひとたび「戦闘」のブザーが鳴れば、転瞬にして猛火を噴く虎となるだろうことを、だれもが意識していた。

後部操舵室異常なし。

江田中尉はにぎり飯が一つぽつんと皿におかれたままになっているのを認めた。空腹をとっさに感じて「貰うよ」といって頬張った。中尉には味のよし悪しの記憶はない。ただ、これがやがて十六時間の力泳を可能にし、かれの生命を救うエネルギーの源になったことを後に知った。しかし、そのときの中尉にはそんなことは夢想だにできないことであった。

日本艦隊が第一戦速に落としてから八分後の二二時三八分、水道の中心に向かっていたライト艦隊は針路を二八〇度に変針し、主力巡洋艦五隻を隊列の中央にして、右に前衛駆逐艦四隻、左に後衛駆逐艦二隻の、つまり三列になった。こうして艦隊はガダルカナルの島ぞいに、エスペランス岬に向かってゆっくりと、丹念に捜索を開始した。

日本艦隊は確かにサボ島の向こうにいる？

ツラギ基地では、重巡搭載の水上機が、爆音をにぶく響かせて、いまにも発進しようと暖機運転を行っている。

いまやアメリカ艦隊では、レーダー当直員がもっとも重要な部署の一員となっていた。かれらは両手にしっかと計器(ダイアル)をにぎり、眼を鏡(スコープ)にくぎづけにする。かれらは分秒を争って、かれらが"Pip"とよんでいる怪しい影を見つけ出そうと懸命になっている。戦機いよいよ熟す。

ライト艦隊と違い、田中部隊におけるもっとも重要なものは、いまさらいうまでもなく蒼い殺人者——九三式魚雷である。駆逐艦乗りはこれあるかぎり無限の自信をもって底なしの闇にも突入できる。この時点で、八隻の駆逐艦の発射管付近で展開されていたのは、恐らく同じような光景であったろう。江風(かわかぜ)の水雷長・溝口大尉も、陽炎(かげろう)の高田大尉も、生ける愛児にするかのように、発射管員が魚雷をやさしく撫でさすっているのを目撃している。

魚雷は弾丸と違い自分の力で航走し、自分の頭で舵をとって目標に突撃していく。迷路のような混雑した細いパイプが一つでも詰まってしまえば走らなくなるし、自動操舵の系統の調整がちょっとでも間違うと、思いもよらぬ方向へ飛んでいってしまう。そのうえに酸素という短気な動力素が問題である。パイプ系に油が僅かでもついていると、容赦なくその場で爆発して味方を殺傷する。

発射管員はそれだけにより慎重になる。駆逐艦というものはこの魚雷を発射するために、船体の三分の二を占めるほどの大きな機関部を積み、居住区を隅の方におしやり、あらゆる不便と不平不満を押し殺して海を疾駆するものである。風雨と潮と油によごれた艦内で、これだけは一点の曇りもなく鏡のように磨かれた九三式魚雷。それを眺めながら、陽炎の高田水雷長は思う。

「それにしても八本を陸揚げしてきたのは痛かった。万一会敵の際に、それでもなお思う存分の戦いができるかどうか……」

不安がサボ島付近にくると、またぶりかえしてくる。

高波の艦橋では、このころ夜食のにぎり飯がくばられていた。多くのものがスコールのおかげで夕食をぬきにしているし、空腹のはずの食事であったが、敵前であるためにかあまり手をだすものがいない。清水司令も小倉艦長も見向きもしない。航海長・江田中尉もやむなくこれにならって遠慮した。いや余計な遠慮だったかなと、断った後で、中尉は悔いる心を少しく残している。

二二時四〇分、戦隊はサボ島の丸い形に沿うように針路を一九五度にとった。こ

マライタ島
シーラーク水道
レンゴ水道
インディスペンサブル海峡

ガダルカナル島周辺地図
フロリダ島
ツラギ
サボ島
エスペランス岬
タサファロンガ
ルンガ岬
ヘンダーソン飛行場
オーステン山
ルンガ川
ガダルカナル島

の針路でエスペランス岬の黒い稜線がのぞまれるところまで前進し、そこからガ島泊地入港の針路一三五度にとる。あとは予定どおりの揚陸作業となるであろう。

各駆逐艦の艦橋は極度に緊張している。沈黙。計器類の夜光塗料がお伽(とぎ)の国の星のように輝いている。暗黒の艦橋に立ちつづけている親潮(おやしお)の重本少尉には、戦争が遠い世界のもののように感ぜられてくる。緊張の連続が一瞬そんな錯覚を抱かせるのである。

二二時四三分、長波艦橋では、サボ北東ツラギ方向に赤と青の標識灯をつけて低く旋回している敵機を発見、司令部参謀たちの間に、低いが切迫した調子の会話がかわされた。*

＊アメリカ側の記録では、ツラギの水上機はまだ飛びたてず、上空に機影はなかったという。

「四機もいる。一体、何をしているのだろう」

「待ち伏せか……こいつは苦手だぞ」

遠山参謀には奇妙な確信があった。その確信がかれに口を開かせた。

「やつらはまだ気がついていない。気づいたらすぐ吊光投弾を落とすはずだ。このままいこう」

敵が手だしをしないかぎり、積極的に戦いをしかけない。それは何度も繰り返された田中少将の強烈な意志であり根本的な命令ではなかったか。ドラム缶をガ島の陸兵にとどけるという重要任務がすべてに優先するのである。戦隊は、だから、部隊は速力を原速（一二ノット）に落とした。泊地入港の一三五度に針路をとると同時に、警戒駆逐艦の位置について先行した。ガ島周辺はリーフが発達している。高波はいちはやく警戒駆逐艦の位置について先行した。ガ島の海岸線に近接する。そろそろ揚陸の準備にとりかからねばならない。各艦は注意しながら手さぐりで

「ドラム缶投入用意」

の号令がかかった。兵隊たちが後甲板をかけ回り、手あきの将兵も応援にかけつけた。静粛に、しかも迅速に作業をすすめねばならない。艦のまわりを夜光虫が青白い光を発し、無気味な美しさをみせている。

「この分では成功したな……」

黒潮（くろしお）の竹内艦長はそう思った。もはや敵に妨げられることなく任務を果たせるとだれもが思いはじめていた。ガ島の陸兵の喜ぶ顔が目に見えるようである。しかし、緊張はなおほぐせない……。

12 挿話（エピソード）

昭和三十五年春　日本内地
『人物太平洋海戦』より

山口市朝日は、いまはどうか知らないが、十年前はむしろ大歳（おおとし）村といった方が土地の人にはわかりやすかった。そこに元海軍少将・田中頼三氏を訪ねたのは、昭和三十五年の春まだ浅いころである。田中家は約五千戸の農家の点在する農村の、代々庄屋をやっていたと、六百坪の古城のような建物の前に立って、元提督は説明してくれた。

記憶がうすれて、とルンガ沖夜戦については初めあまり多くを語ろうとはしなかったが、やがて繰り返し口に出てきたのは、「僕ァ何もしなかったのだよ。ただ、突撃せよと命令を出しただけだ。あとは残らず部下の駆逐艦乗りの大活躍があったからだ」という言葉だけであった。

しかし、断然優秀な敵艦隊から奇襲されたとき、その主将としてなし得たのは、ただ単に「突撃せよ」の一言でしかなかったにせよ、その一言によって指揮官は、みずからの責任を自分の手にしっかりと摑みとったのではあるまいか。

「ここに」

と氏は畳に指で示した。

「われわれの水雷戦隊がいた。八隻の駆逐艦だ。それが四隻ずつにわかれて、ドラム缶の揚陸地点に向かった」（事実は五隻と三隻にわかれてであった）

氏はさらに上の方に一本の線を引いた。

「これがガダルカナルだ。われわれはここ、タサファロンガと、このセギロウへ一二ノットで向かった。視界は七、八キロがやっとという、暗い暗い海面であった」

記憶は確かである。つぎに関節のごつごつした指を押しつぶすようにして、氏は太い線をすぐ横にひいた。

「ここに、アメリカ軍の重巡艦隊が……」

室内でも零下二度という寒気は、炬燵に半身を入れていても、背すじがぞくぞくしてくるほどであるが、元提督は身をのり出してきた。「もう少しでドラム缶の揚陸ができるときだった……なかには揚陸をはじめた艦があったかもしれない。揚陸と戦闘の二兎を追ったわれわれの大間違いなのだが、それにしても冷汗三斗の想いだったな……僕ァ、そのとき、言ったのです、ただ、突撃せよ、とね」

畳の上にすばやく、全速三四ノットで敵中に突進する線を何本もくっきりと記した。敵艦隊の太い線はたちまちにずたずたに千切られていった。

「戦争なんてそんなものです。われわれは幸運だったのだな。ただそれだけのものなのだよ」

そのときサボ水道で双眼鏡をにぎりしめていただろう逞しい手もやせ細り、青く静脈が浮き出てみえる。写真などで想像していたより長身な提督であった。やや腰をかがめた穏和な田夫、ときどき大きな眼光が生き生きと輝いて見える。カメラを向けると、待ってくれといい、派手なネクタイをしめてきたのも懐かしく思い出せる。笑ってくれと頼んでも、ついに口許をしめたままであった。

「晴耕雨読、のんびりした生活をつづけていると、突然昔の駆逐艦乗りの部下のことが思い出されてきて……みんな死んでしまったなあ。しかもいいやつが先に死んでしまう……」

不平も不満もいわず、たがいに信じ合い、真剣に祖国のため魂を燃焼させ、かれらは死地に身をなげうっていった。増援の駆逐艦一隻喪失という冷たい文字の裏には、二百五十名に近いそうした人たちの献身があり、無言の死があった。千人針やお守り袋につめられた日本人の祈り、死んでくれるなと願う家族や恋人の祈り、思う存分に戦いたいという将兵の祈り——そうした祈りのおよばぬところで、死神はかれらの多くをのみ込んでしまった。陸に海に空に、ガダルカナルをめぐる戦いとは、そうしたものである。将兵は、弾薬や資材と同じように、消耗品と考えられ、つぎつぎと無謀な戦闘につぎ込まれた。

「突撃せよ」の命令は、それゆえに、大きな意味をもつ。血尿を出しつつ輸送船の護衛に、武器弾薬や食糧の輸送に挺身してきたのも、その瞬間を待ちに待っていたればである。かれらはいまこそともづなを解き放たれ、大いなる戦士、いや、わだつみ（海の神）となって駆けめぐるのである。

「ほんとうによく引き潮の戦を我慢して、歯を食いしばって戦ってくれたと思う。すべてが部下の功績だね。かれらは黙って死んでくれたのですよ」

ソロモン海の硝煙、閃光、砲声はもうとどろかない。聞こえてくるのは、青々たる麦畑をこえて届けられる、牛の、のどかな鳴き声であった。

しかし、昭和十七年十一月三十日の真夜中、正確に午後一一時より一二時までの一時間とかぎってもよい、この一瞬間、老提督は確かに自分の運命を自分の手でしっかと摑みとり、ただ一言の命令によって、歴史に壮んなる一ページを書き加えたのである。しかし、この老いたる野の人はいうのである。

「やっぱり、僕ァ何もしなかったのだよ」と。

ただそれだけである。

（田中頼三氏歿＝昭和四十四年七月九日。哀悼）

13 戦闘

二三一六　最大戦速
旗艦・長波

二三時〇六分、ライト艦隊に不意に戦慄が走った。

旗艦ミネアポリスのレーダー当直員が距離二万三〇〇〇ヤード（二万一〇〇〇メートル）、ほぼ正面の二八四度の方向に怪しい映像を発見した。ライト少将は敵らしきもの発見を全軍に通報するとともに、右に転舵を命じた。隊列は再び一本棒の単縦陣をとり怪しい目標に対して邀撃（ようげき）態勢をととのえる。作戦どおりの陣形である。初め、この怪しい目標はスクリーンの上にはエスペランス岬から突き出した小さなこぶのように見えていたが、こぶはいくつも重なり、数がふえ、いつか東南のコースをとって進航する船の隊列となった。まさしくPips——敵であった。ライト少将は、さらにやや左へ転舵、針路三〇〇度のコースを直進すべく下令する。日本艦隊とほとんど平行線上を反航して接近していく。アメリカ艦隊の作戦計画は図に当たった。距離二万メートルの遠距離から〝敵〟を先に発見したことは、勝利を約束するかのようではないか。あとは図上演習をそのまま実戦にもち込めばよかった。

その夜の視界は約九〇〇〇メートル、レーダーをもたぬ日本艦隊はなにも知らぬままに、危険な瀬戸へと追い込まれていく。

アメリカ艦隊の前衛駆逐艦四隻は、魚雷発射の準備を終えた。先頭の駆逐艦フレッチャーは直前の一九四二年六月三十日に竣工した最新鋭艦、以後太平洋戦争を通じてぞくぞく建造されたフレッチャー型合計百七十五隻のネーム・シップである。基準排水量二〇五〇トン、長さ一一五メートル、一三・六センチ砲単装五門、五三センチ魚雷発射管五連装二基（魚雷数二十）をもつ艦隊型駆逐艦の代表である。そして、いま、第一次魚雷十本がすべて日本艦隊に指向したのである。

巡洋艦群も二〇センチの巨砲に弾丸を装塡し、砲口を日本艦隊に照準した。上空には搭載水上飛行機が吊光弾を日本艦隊直上に落とすべく、これもまたライト少将のただ一言の命令を待っていた。ミネアポリスの艦橋上では、ライト少将とその幕僚たちが会心の笑みを浮かべている。兵力は圧倒的に優勢であり、しかも先制の位置を確保し、作戦にいささかの蹉跌（さてつ）も生じていない。勝利は掌中にころがり落ちようとしている。

先頭を行く駆逐艦フレッチャーは、十一月十三日の金曜日、日米両軍がもてる力をいっぱいにそそぎこんで、サボ島の五マイル南で激突したときの戦闘（第三次ソロモン海戦第一ラウンド）にも参加したが、そのときは艦隊の最後尾にあり、せっかくのSGレーダーも働かせようがなかった。しかし、いまは艦隊最前列、何ものにも妨げられない絶好の場所にいるのである。コール中佐は眼の色を変えていた。レーダーによって闇の中から目標をものの見事に探り出してみせようと、激しい闘志に身をたぎらせるのだった。

このときの田中部隊の陣形は一本棒の単縦陣から、揚陸準備のためにいくつかのグループにわかれはじめていた。漆黒の闇、しかしさっきまで空をおおっていた雲がいつか切れはじめ、その切れ間から手がとどくかと思われるほどに近く、星屑がきらめいている。その星に照らされてタサファロンガ沖合三〇〇〇メートル以内に、親潮と黒潮、少し遅れて陽炎と巻波が向かった。さらに外側二〇〇〇メートルの海域を哨区内と決め、左回りに旋回しつつ警戒する、それが高波の任務だった。セギロウ海岸には江風と涼風が近接した。その一〇〇〇メートル外側を長波が警戒の眼を光らせる。一本の帯のような陣容がこうして五つにわかれた。輸送隊の各艦にはいそがしく号令が行きかい、揚陸準備が着々と進められていく。

ドラム缶を数珠つなぎにしたロープの一端をダビッドに吊るした小発（艇員陸

軽巡ホノルル

フレッチャー型駆逐艦

兵）におき、椰子油のカンテラによって示された揚陸点を発見したら、低速で近づき、海岸から約二〇〇～三〇〇メートルで甲板のドラム缶をいっせいに海中に投下する。同時に小発を降ろし、ロープをたぐりながらガ島の海岸線まで運び、綱の一端を珊瑚礁の割れ目から陸軍に渡す。陸軍はこれをたぐり寄せてドラム缶を引き揚げる。駆逐艦は小発を収容し、いそぎ避退する。これが苦肉のドラム缶輸送の全作業である。

　高波一艦が先行し警戒位置についたため、部隊の先頭に立つことになった親潮は、陸上のカンテラの光を見つけ、原速より微速（六ノット）にまで下げてそろそろ海岸線に進入していた。黒潮がこれにつづいた。波もなく、風もない。海は黒い鏡であった。航海士・重本少尉は半カ月前の、輸送船十一隻をすべてつぶされ、なお屈せず敵戦艦に肉迫攻撃をかけた凄惨な戦いのあとで、思いもかけず眺めることのできたガダルカナル島の夜明けをふと思いだした。海岸線までせまってきている椰子の原始林、高くはなかったが峻嶮（しゅんけん）そうな山々、そして日本の田舎を思わせる清流。いまそのなかに、自分たちが以前に送りとどけた陸軍の将兵が、飢えと疾病と戦っているのである。「がんばれよ」「お世話になりました」と、たった一度同じ釜の飯を食っただけの名も知らぬ戦士の顔が、いくつも思い出されてくる。果たしてかれらは重なる総攻撃の失敗や、飢えと疾病になやまされつつも、ジャングルのな

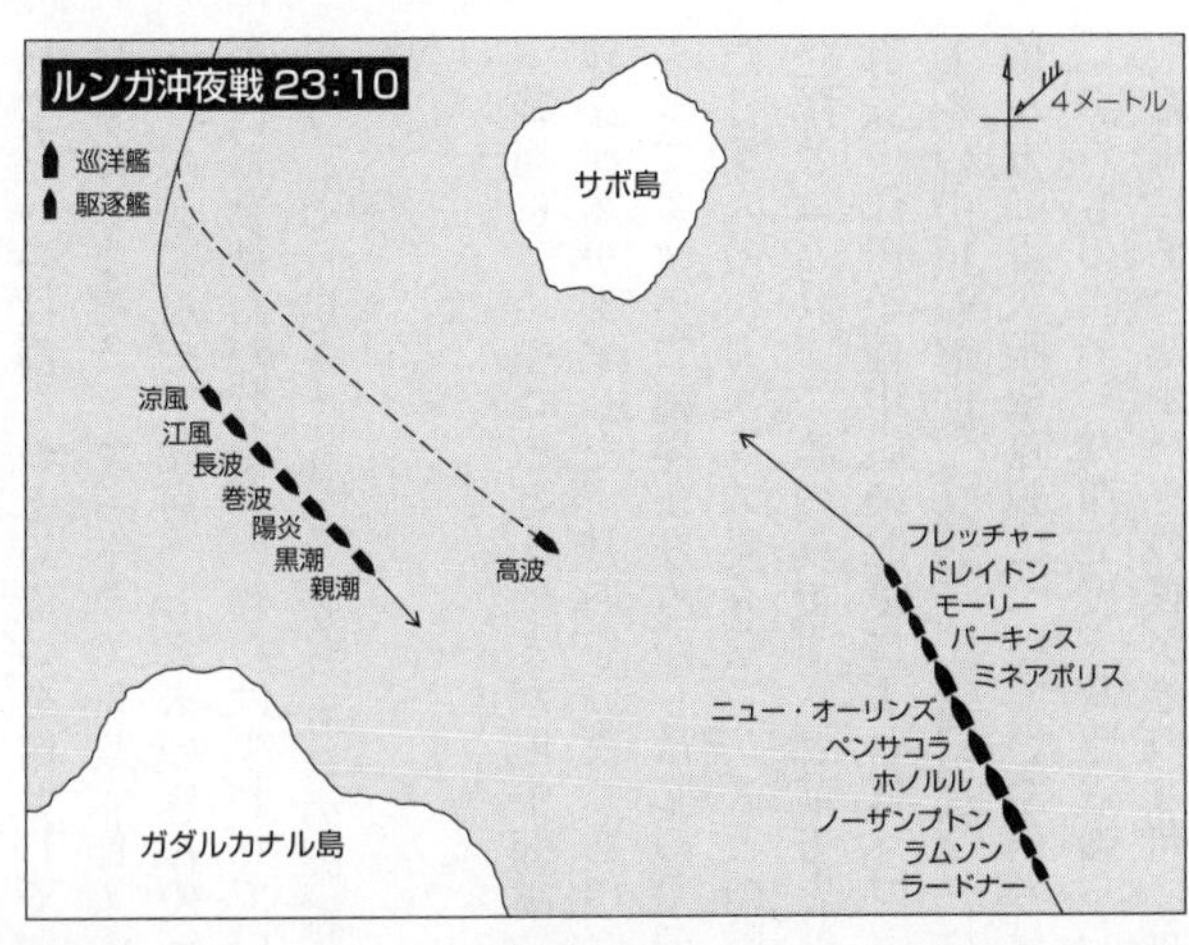

かで無事に生きているのであろうか。

陽炎もほとんど停止状態になるまで陸岸に近接し、ドラム缶を海中に投じようとしていた。航海長・市来中尉は見張員に「リーフに注意せよ」と号令しながらも、艦長の機関停止命令がいま出るかいま出るかと、待機の姿勢にあった。停止と同時にドラム缶の投下を命令しなければならなかった。

いちばんサボ島に近い西側に位置していた江風は、いまにも艦の行き脚がとまり、停止しようとしていた。目の前にはガダルカナルの稜線が黒々と星空をかぎって見える。水雷長・溝口大尉は運送屋のときは艦橋をはなれ、もっぱら(通)の課長ぐらいの役割をつとめるのを例としていた。小さなかけ声をかけて、かれはいまにもはじまろうとするドラム缶投入作業の指揮をとる。このドラム缶全部を送りとどけたところで、陸兵一万余人のほんの一、二日分にしかすぎないであろうが、米の白さを見ただけで、かれらは失われていた元気を回復するのではないかと大尉は思う。そう思うことで、かれもこの困難な輸送の疲労と眠気を吹きとばすのである。

戦場に、いやこのときはまだ田中部隊にとっては港の揚陸場にひとしかったが、妙な偶然が支配した。月のない夜であったが、北東の風四メートルが濛気をふきはらって、次第に視界がひろがりはじめたのである。最新式レーダーと、鍛えぬかれた日本人の視力プラス優秀なレンズとの戦いが、ここに開始された。旗艦長波や輸送隊とはなれ、一艦のみでずっと前方を航行していた警戒艦高波は、このとき、航海長・江田予備中尉の記憶によれば「コンパスをにらむとサボ島の中央五一〇メートルの山頂が零度（真北）、六浬の地点にあった」という。そのときであった。艦橋左方二番双眼望遠鏡についていた信号員長・池田上等兵曹がするどく叫んだ。

「黒いもの二つ、左四五度、敵駆逐艦らしい、六〇」

艦橋にあったすべての眼がその方向に向けられた。同時に司令・清水大佐が号令した。

「全軍へ敵発見を報告せよ」

超短波の隊内電話はただちに司令の緊急警報を全軍に発した。

「雪ニヨリ雪へ 一〇〇度方向ニ敵ラシキ艦影見ユ」

とともに、高波は新鋭の駆逐艦らしく機敏に即応した。艦長・小倉中佐は「左砲雷同時戦」を号令、これを受けた江田航海長は羅針盤のまわりについている伝声管で、各指揮所に左舷の戦闘を伝えた。砲塔も発射管も即座に、ゆるやかではあるが左へ回りはじめる。


第二水雷戦隊の戦闘報告によれば、高波の敵発見の警報は現地時間に直して二三時一二分である。このときの敵艦隊との距離は正確には九六〇〇メートルであった。漆黒の暗闇を通して人間の眼がレーダーより早く敵を捕捉していたとは、うそのような見事さではなかったか。

高波よりの敵発見報告を受けた旗艦長波艦橋は極度な緊張にぴりぴりした。そこに立つ男たちの身体を電光がつきぬけたようであった。やっぱり敵がいた！　のるかそるかの、もっとも大事な局面に直面した。次の瞬間に恐らくつづいてくるであろうアメリカ艦隊の猛砲撃を覚悟して、全身がひきしまり、かれらは顔から血の気の引くのをおぼえたのである。正面にガダルカナルの山々が高く黒々とおおいかぶさるように屹立し、背後は米軍根拠地ツラギが指呼の間にあり、右は砲台のならんだルンガ岬、左手はサボ島、敵の庭園の池のなかで不意打ちをくらおうとするのである。味方はすでに停止状態でドラム缶の固縛をとき総員で投入配置につき、駆逐艦ではなく輸送船になっていた。無抵抗の状態にある。戦闘配置をとるにも容易なことではない。

水雷艦隊が夜戦をくわだてて進撃する場合は、旗艦が先頭になり、駆逐艦がそれにつづく隊形で進み、おおむね敵隊列の真横、視界限度において突撃を下令し、列をといて、各隊各艦がそれぞれ魚雷発射点に突進するのを常道とした。しかし、いまは揚陸を主任務として、各隊、各艦ばらばらの状態に分散していた。旗艦先頭のもとの統一指揮戦闘のできるはずはなかった。いちばん危険なときに、弱点を露呈しているときに、敵が現れたのである。

指揮官・田中頼三少将に一瞬の逡巡のあったことは否めない。「敵駆逐艦十二隻……」という夕刻のラバウルからの電報を思い出した。どう対処すればよいか……？　兵力、位置など敵情に関しては暗闇の底にあってさだかではない。戦うか避退するか。

速力を加えた高波はすでに戦闘状態に入っていた。艦橋は濛気と水しぶきのなかにも活発な動きをみせている。小倉艦長のきびきびした号令が四方に飛んだ。

「航海長、目測！」

江田航海長がはじけるように二番一五センチ双眼望遠鏡についた。墨絵のように敵艦列がレンズの向こうを急速に接近しつつあった。

「敵駆逐艦らしい。七隻」

航海長の報告を艦長はすぐ旗艦に報告せよと電信員に命じる。

「雪二ヨリ雪〇へ　敵駆逐艦七隻見ユ」

その隊内電話にかぶせるように航海長は、艦橋へするどい声をなげかけた。

「方位角左四五度、敵速二四ノット、五〇」

小倉艦長は主砲の指揮所への伝声管に落ち着いた声をなげ込んだ。

「予調照尺五〇」

五〇〇〇メートルに照尺をとっておくのである。

戦勢は激しく転移する。日本艦隊が、いわゆる勝負事にいう後手(ごて)の先(せん)をとるのはいまであった。

「敵ラシキ艦影」（二三時一二分）から「敵駆逐艦七隻」（二三時一五分）と確認する

までの三分間が、指揮官・田中少将に決断を決めるべく与えられた最後のチャンスであった。それを掴みとるかとらぬかは……？　だれにもわからない。あるいは、マルス（軍神）の気まぐれによるのかもしれない。

遠山参謀が、このとき、敵駆逐艦は陽動ではないかと考え、この駆逐隊の背後に戦闘のはじまるのを待っているもっと大きな艦隊がいないかどうか、とっさに知恵をめぐらしたのは、正しかった。

「まだいるかもしれん。見張れ」

参謀の言葉の終わらぬうちに、田中司令官の大声が静かな艦橋にはね返った。

「揚陸やめ」

二三時一六分になろうとするとき。司令官の押し殺したような声がつづいた。

「戦闘ッ」

指揮官、決断す！　意味するところは、全軍戦闘配置につけッ、である。

「雪〇ヨリ雪へ　揚陸ヤメ　戦闘」

号令はたちまちにして伝えられた。あと五分あればドラム缶を投入できる。投入できれば、かりに戦うにしても避退するにしてもより行動が自由であり、身軽であったろう。しかし、戦機はいまをおいてないという確信が、提督の腹の底にあった。

ほとんど停止状態にあった各艦は、旗艦よりの戦闘の命令を冷静に受けとめた。あわてて この危機から逃れようとすることは、同士討ち、衝突など、かえって混乱をまねく恐れがあった。ドラム缶の投下準備をしていた砲員は砲塔におどり込み、発射管員は発射管にとびついた。江風の若林艦長はただちに「後進いっぱい」を号令する。「戦闘」と同時に、砲塔も発射管も当然戦闘が生起するのであろうと考えられる方向に、艦が後進している間に必死に回りはじめていた。十分に回頭できるだけの海面が前にひらけた。ともあれ、敵の方に向き直らなくてはならなかった。

号令は矢つぎ早にかかった。

「とり舵いっぱい」

「最大戦速ッ」

ドラム缶をもう一度固縛している暇はなかった。水雷長・溝口大尉もこのときにはもう艦尾から艦橋まですっ飛んで戻ってきている。いまこそ自分の出番だと思う。恐らくその夜はかれにとって四度目の、忘れられぬ魚雷戦となることであろう。

14 突撃

二三二〇　最大戦速
第二水雷戦隊各艦

それは田中少将が「揚陸やめ」「戦闘」を全軍に号令したときと、ほとんど時を同じくしている。艦隊の先頭に立つ駆逐艦フレッチャーのSGレーダーが、左前方七三〇〇ヤード（六六〇〇メートル）に目標をとらえた。司令・コール中佐はすぐ隊内電話でライト少将に雷撃許可を求める。ここにアメリカ艦隊の不手際があった。攻撃の時期や方法は、当然前衛駆逐隊の指揮官にまかせておいてよかった。ライト少将はそうした処置をあらかじめとっていなかった。

「距離に間違いないか」

と旗艦は先頭の駆逐艦に問いただした。十分前に二万メートルもあったものが、どうして急に六六〇〇メートルにまで近づいていたのかと疑念をもったからである。ここにも大きな誤判断がある。ミネアポリスが十分前に捕捉したのは田中部隊の本隊であり、いまフレッチャーのレーダーに映じたのは単艦でいち早く警戒航路を前進してきた駆逐艦高波であった。

「確かです」

「七三〇〇ヤードは近すぎる。もう一度目標を確認せよ」

「大丈夫です、魚雷はとどきます」

勝敗は転瞬に決す。撃てとも撃つなとも決まらぬ時間が、怱忙の間に、空に走った。レーダーの信頼性を確認し合ったわずかな時間の遅れは、ライト艦隊にとっては、痛恨の時間といえるかもしれない。


日本艦隊はライト少将の攻撃命令を待とうとはしなかった。各艦がそれぞれの判断で敵方向に変針し、ぐんぐん増速する。しかし、警戒艦の長波と高波は別にして、残る六隻の駆逐艦はほとんど停止状態にあったのである。機関が全速待機状態にあったとはいえ、最大戦速を取り戻すまでに十分や二十分は要する。それは戦うものにとって、あまりにも長い長い時間であった。

高波はもっとも敵と接近していた。反航態勢にあるからみるみる近づいた。各砲塔と魚雷発射連管は左九〇度旋回、砲撃、発射の諸元を調整して、ただ艦長の「撃ち方はじめ」の号令をいまかいまかと待っている。しかし、高波は撃たなかった。主任務は補給にあり、という出撃前からの縁の下の力持ち精神がなお脈々として生きている。もう肉眼でも、敵の艦影がぼんやり見えるまで両軍は近づいていた。このまま航過するのであろうか。

長波艦橋もこのころには敵影を自艦の見張員によって発見していた。九〇度方向、距離一万メートルに駆逐艦らしき七隻が反航しているのを認めたのである。二三時一七分、「戦闘」の号令を発してからちょうど一分後である。果たして敵はまだ気がつかないのであろうか。それとも、これは恐ろしい地獄の罠なのではあるまいか……。

ライト艦隊はとっくに日本艦隊を発見し、たしかに恐ろしい地獄の罠をかけていた。だが、攻撃命令がかたくななまでに遅れた。この遅延は、すべてのことを知ってしまったあとからみれば、なんとも歯がゆく思われる。しかし、十分な理由が存在していた。戦場が狭く、島にとりかこまれていたので、レーダーでは島と艦との区別がつきにくく、そのレーダーが開発の途次にあり一〇〇パーセントの信頼をおくことはできにくかった。測定値が、少しでも〝合理性〟からはずれると、だれでも疑念を大きくしてしまう。

ライト少将が、コール中佐の強い要請に、やっと攻撃命令を下したのは二三時二〇分である。コール中佐はこの号令を指揮下の各駆逐艦に伝えた。しかし、時間のわずかな遅れは致命的になった。各駆逐艦が発射命令をうけたとき、目標は左前方から真横になろうとしていた。魚雷発射の調定諸元をやり直さねばならない。その間にも、距離と時間は刻々とすぎていく。そして、ついに目標（高波）は艦尾を通りすぎた。

コール中佐はさらに闇の向こう九六〇〇ヤード（八七〇〇メートル）に複数の敵艦影を発見した。距離的には雷撃は不可能である。しかも、この数目標もぐんぐん近接しつつあった。中佐はもはや迷わなかった。

「発射せよ」

命令は指揮下の駆逐艦に伝えられた。フレッチャーからは魚雷十本が圧搾空気の音とともに、つぎつぎと鏡のような暗い海におどり込んだ。

二番艦パーキンスは八本、三番艦モーリーはレーダーが旧式であったため敵艦と島の区別がつかず発射を断念、四番艦ドレイトンも同様だったが二本を遮二無二撃ち込んだ。そして作戦どおりに横に大きく開こうとする。二十本の魚雷は扇のようにひろがって、燐光の尾をひいて、生きもののように日本艦隊に伸びていく。

ミネアポリス艦橋のライト少将は、前衛駆逐艦の魚雷発射と、日本艦隊が距離九〇〇〇メートル内に近接してきたことを確認した。いまこそレーダー射撃の成果を試さねばならないときがきた。主力重巡洋艦部隊が最前線におどり出ようとする。

ライト少将はおごそかに命令する。

「砲撃はじめ」

海が爆発したのではないかと、その場にあっただれもが錯覚した。強烈な白熱の光が長大な幅にわたって、闇のはるか向こうできらめいた。つづいて底ごもるような爆発音。ガ島の山々もゆるがす轟音と硝煙と閃光の狂乱、鋼鉄と火の地獄の扉が大きくひらかれた。二三時二一分、夜戦の火ぶたは、いま、アメリカ艦隊によって切られたのである。見事な先制攻撃ともみえた。

高波の航海長・江田中尉には、敵の一斉射撃が緑色の閃光として感じられた。それは暗い水平線いっぱい、黒灰色の雲の幕をひき裂くようにひらめいて眺められた。痛いほどに注視していた緊張がそれでほぐれた。そして間髪をいれぬ艦長の号令に思わず身震いする。

「撃ち方はじめ！　最大戦速」

旗艦長波の艦橋は、敵艦隊の発砲でかえって落ち着きをとり戻している。高波艦長が砲撃開始を号令するよりわずかに早かった。

《演練を重ねてきた精鋭である、頼むに足る部下である、それに夜戦ならわが方の

望むところではないか》

田中司令官の胆はとうに決まっていた。

「突撃セヨ」

無線電信も無線電話も一斉に虚空に、司令官の断々乎たる命令をうちこんだ。しかし、惜しむらくは、各艦は突撃するにも敵情は不明、かつ速力はまだ十分ではない。

ぱあっと花火の束が上空にもえ上がった。旋回中だった敵機が、おびただしい吊光投弾を陸岸と、日本艦隊との間に投じたのである。白く冷たい死の光が、暗黒の空にしばしきらきらと光って眼に痛いほどである。日本艦隊の艦影はくっきりと海に浮いた。ゆらめきながら光の束は落ちる。日本の小さな駆逐艦のあらゆるものが光った。砲が、煙突が、発射管が光った。海も、なまあたたかい空気も、光った。状況はまったく田中部隊に不利であった。*

＊米軍記録では吊光投弾ではなく、重巡の星弾によるとしているが、田中部隊の将兵は吊光弾を確認している。

敵艦と敵機を見やりながら艦橋に立つ田中司令官の姿は、しかし、さながら演習をやっているかのように超然としていた。長波艦橋はこの長身の、痩せた海の男の後ろ姿によって支えられている。長波ばかりではない、第二水雷戦隊のすべてが……。吊光投弾といい、射撃開始といい、間髪をいれない段どりの敵の戦闘ぶりは、明らかに戦闘展開を終わり、準備を完了して、日本艦隊の進入を待ちうけていたことを示している。完全無欠な先制攻撃だ。つぎつぎに轟音と眼もくらむ閃光が走る。日本艦隊上空の空気がめりめりと引き裂かれて鳴った。数十メートルの水柱が舷側付近の海面に突き立つ。そして、轟音にまじり突きさすような鋭い音が上空を走るのは、敵駆逐艦の砲撃によるものであったろう。

しかし、なお、長波艦橋は余裕を残していた。

「お出迎え、ご苦労さん」

軽口がはずみでる。

「敵は駆逐艦一……二……四隻」

一五センチ双眼望遠鏡についていた見張員の声だけがひびく。長波の速力は？航海士がうてば響く、「第五戦速」。すでに十分、長波艦長・隈部伝大佐の号令は颯爽としている。

「撃ち方はじめ」

二三時二三分。長波は応戦を開始した。

15 手記

二三二四　高波航行不能

高波航海長・江田高市予備中尉の手記から――

十一月十四日

『敵の初弾は高波を前後に挟み、巨大な水柱が滝のように奔騰した。艦は増速しつつある。指揮所の弾着時計係が、「初弾用意、弾着」と叫んだとき、私が見ていた敵巡洋艦一番艦にチカチカと二つ命中したのが水柱の合間に見えた。初弾命中である。

電信室から「旗艦発進、全軍突撃せよ」といってきた。敵がぞくぞくと現れてきたころから、「艦長、発射はまだですか」とせがんでいた押兼水雷長が、「よろしッ」という艦長の声で、「深度三メートル三番艦」と目標を決めた。

私は「おも舵！」と号令したが、「舵故障」と操舵長・藤居二等兵曹が応答してきた。かさねて「応急操舵。後部操舵配置につけ」と命ずると、後部の佐竹一水から「後部操舵故障、動かない」と応答、やむをえず「人力操舵」を命じた。おも舵はいくらか利いたようであったが、反航戦だ。敵の眼前を通過する。

敵の照明弾射撃がいよいよ熾烈になってきた。二三時二三分、押兼水雷長は力づよく発射の号令を下した。そして「全射線発射」「発射終わりました」と水雷長が報告した刹那、艦は敵弾を受けて激しく揺れた。敵の大口径砲弾が一、二番の発射管に命中したのだ。魚雷発射とほとんど数秒の差であった。つづいて敵弾は缶室に命中。そのため危急弁を締めたのか、五万二〇〇〇馬力の蒸気が安全弁から噴き出して猛烈な音響が起こった。もうなにも聞こえない。艦全体が轟々とうなっている。まるで急行列車の走るレールに耳をつけているようだ。

「機械室は最大戦速を了解しているのか。なにッ、通信機電路故障？」……「通信士行け」。だが、このときはすでに缶室、機械室は全滅していた。

五〇〇〇メートルの予調照尺で撃って当たると、そのまま「急げ」を令した砲術長は大水柱にかこまれて目標がつかめないため普通の七秒斉射など思いもよらず、この重大時機に、緩慢きわまる射撃とならざるを得なかった。「いま撃ったやつ。いまのやつ」と、そのときどきの発砲源に対して目標を変えて、一番艦から三番艦を撃った。

敵は青、赤、黄のおびただしい着色弾を驚くべき速さで撃った。弾と弾がつながって前面のあらゆる角度から飛んできた。それを凝視していると、胸がしめつけられて呼吸が苦しくなる。下を向いて深呼吸をしてからまた見る、というすさまじさだった。敵の集中砲火を浴びた高波は、敵弾が命中するごとに激しく揺れうごき、たちまち死屍累々の惨状を呈した。

艦橋から上半身をのり出して左舷の敵方向を注視していた小倉艦長は、一番砲塔に敵弾が命中炸裂したときにはね返った弾片を受けて、バッタリ倒れた。つぎの瞬間には見張員が倒れ、記録係が私にぶつかるようにして倒れた。みるみる死傷者が続出する。

かくて高波は開戦後四、五分で、攻防の全機能を失ってしまった。しかし、沈没の気配もなく、右に左に漂い流れ、ついに左に回頭しつつあったので、こんどは両舷から砲撃を受けることになった』

16 発射

第二水雷戦隊　親潮・黒潮・江風・長波

高波は火の艦と化していた。戦場で僚艦の危急を見るときほど血を吐くような思いをすることはない。しかし、星弾のもとにスポット・ライトを浴び、猛打の山なす積み重ねの果てに、彼女は息をひきとろうとしている。ほとんど原型をとどめないまでに打ちのめされた。積極的な、直接的な救援をしようにも各駆逐艦は、いまの場合どうしようもなかった。

長波だけが三〇ノットに近い高速を出せるところまで漕ぎつけている。江風も涼風も、まだ懸命に増速中である。敵情はあまり明らかではない。Tin Can の駆逐艦が恐ろしい威力を発揮できるのは、その魚雷と速力と運動性にある。また、その弱体な艦を防御できるものも速力と軽快さであった。しかも、いまの場合は旗艦先頭の統一戦闘は不可能なので、各艦が暗黒のなかでそれぞれに敵を求め、確認して悪戦苦闘するほかはなくなっていた。

親潮と黒潮はずっとサボ水道を先の方まで突入してしまっている。旗艦よりの突撃命令を受けたときにもまったく敵情が摑めていなかったため、とっさに副業のおとなしい運送屋から、本業の勇み肌の水雷屋に舞いもどるわけにはいかなかった。

突撃するにも、敵はどこにいるか？　速力を原速（一二ノット）とし、隠密航行でまず敵艦隊発見につとめる。重本航海士はやや昂奮して「敵艦がいるぞ、しっかり見張れ」と叫んだ。霞末上曹、木村一曹、田中一曹らのベテラン信号員が双眼望遠鏡にかじりついている。訓練も実戦経験も十分の豪のものばかり。発見は即座であった。

「敵艦影」

「大型艦、戦艦か巡洋艦」

矢つぎばやに信号員が報告する。

突撃はつぎの瞬間に開始されていた。

「第二戦速ッ」

ぼんやり水平線に見える敵艦影が発砲した。明らかに高波と思われる日本駆逐艦が敵陣めざして突進しているのが望見された。緊張と殺気が艦橋にみなぎった。重本少尉は、星弾の光量のなかに浮き出した高波が、文字どおり林立する水柱で隠れてしまうのをしばしば見た。映画のスローモーションを見るように水柱がしぶきとなって崩れ落ちると、一二・七センチ砲を、振り回す両腕とも見せて、高波はなお突撃をつづけている。一発、二発と命中弾を受ける。高波は火を発してよろめく。それを遠くに見ているのは、はげしい昂奮とそのくせ下半身がしびれ、足のつけ根から力がすりぬけていくような奇妙な気持ちにさせられる。

親潮は前進した。水雷長・斎藤哲三郎大尉が発射用双眼鏡で敵艦を捕捉し、艦長に強くいっている言葉が重本少尉の耳に入った。

「艦長、戦艦らしい。こいつをやりましょう」

有馬艦長もかたわらの司令・佐藤大佐に意見具申した。

「思いきって突っ込みましょう」

戦艦であるのかどうか、また、どうしてこの方向に敵は砲撃してこないのか、これらについて思いめぐらしている暇はない。力戦をつづけている高波や第二輸送隊と違って、付近に敵の砲弾すらも落ちてこなかった。奇妙な静かさを保っている。親潮、黒潮は明らかに敵の腹中深く入り込み、いまや背後に回ろうとしている。佐藤司令はにっこりとした。

「よし、戦艦を攻撃する」

そして指揮下の黒潮、陽炎(かげろう)、巻波(まきなみ)らに攻撃開始を命令した。緊張は最高潮に達した。隠密航行をかなぐり捨てる。艦長は大きくうなずくと大音声を張り上げた。

「敵戦艦を攻撃する。魚雷戦用意！」

　水雷長は待ってましたとばかりに力強く「魚雷戦用意」を水雷科員に下令し、双眼鏡にかじりついたまま敵艦の動静を判定し、即座に襲撃計画をたて、司令と艦長の同意をえた。

「とり舵いっぱい。第五戦速」

　ほとんど同時に、上空に吊光弾数発が投弾された。あるいは敵艦隊が撃った照明弾だったかもしれない。重本少尉は思わず立ちすくんだ。が、さながら暗い部屋のなかでいきなり電灯をつけられたネズミのようなものだな、となかば自嘲するだけの心の余裕を保っていた。

　巻波の機関科指揮所で、機関長・前田大尉が敵艦隊との遭遇を知ったのは、けたたましい艦内拡声器によってである。

「前方に敵艦隊発見。左戦闘用意！」

　つづいて艦長の腹の底に響くような号令がつづいた。

「左砲戦魚雷戦」

　となれば、艦橋からの伝声管はもう聞くまでもない。機関科に下る命令は、最大戦速であろう。機関科員は張りきった。閉ざされた配置、苦労のみが多い任務。上で何が行われ、何が行われようとしているのか、まったくわからない。しかし、飛行機や潜水艦が相手の、いやらしい、不公平な戦ではない。最新鋭艦巻波がその本領を発揮すべき絶好のときがきた。海上の戦闘はかれらの脳裏には、まるで見なれた故郷の風景を見るかのように、くっきりと描かれている。前田機関大尉も、みずからは砲弾や魚雷を撃たぬが、わが巻波こそがイの一番に敵を倒してみせる、「やるぞ」と自分にいい聞かせた。

しかし、前田機関長は知らなかったが、陽炎と巻波の二艦はやや戦闘のスタートが出遅れていた。むしろ先航する親潮、黒潮の二艦の方がはっきりと攻撃目標をとらえ、反航態勢のまま絶好の射点をもとめ、舵を右左にとりつつ敵艦隊に近接していたのである。一番槍は親潮がつける。熟練した水雷科員は暗闇のなかで、てきぱきと発射機を操作した。

「左魚雷戦反航」

と斎藤水雷長は満身の力をこめて号令を下した。

「目標敵戦艦」

水が流れるように号令され、それが復唱される。すべてが澄みきった力強い声である。艦橋と発射管は目に見えない信頼の糸とさかんなる闘志によって結ばれて、そこに一点の迷いもためらいもない、しかも大いなる生命の躍動があった。

「方位角左九〇度、敵速、一八ノット、距離四〇〇〇、深度四メートル、第一雷速」

水雷長は発射調定諸元をととのえた。

照明弾もいつしか消えて、もとの黒洞々（こくとうとう）たる海にもどっている。しかし、目標の敵大型艦は視野いっぱいに見える。双眼鏡から眼を離しても、ひらけた夜の海面、濛気の向こうに砲撃をつづける敵艦がはっきりと肉眼でも望見できる。駆逐艦の生命である魚雷が、いま撃たれようとしている。重本少尉はコンパスから引き離され、注意がかれの右側、手のとどくところにいる水雷長の方に引きつけられてしまう。そして祈った。小兵の駆逐艦が巨大な戦艦や巡洋艦に立ち向かうときは、砲撃を受ける前に魚雷発射を終わらねばならない。大口径砲の命中を受ければひとたまりもなかった。

どうか発射が終わるまで命中弾を受けないですむように、と若い少尉はひたすら祈った。すべての将兵が同じ思いであったろう。多くの祈りをのせて、親潮はなおも突っ込んでいく。

水雷長が艦長に「発射用意よし」と魚雷発射準備完了を報告した。とっさに、

「発射はじめ、おも舵いっぱい」

と、艦長が発射できるよう転舵させた。水雷長はしっかりと目標をにらみつけたまま、自分の心を八本の魚雷にこめる。苦しい訓練を重ね、飛行機と戦い、潜水艦を警戒し、引き潮の戦場に歯を食いしばって堪えてきたのも、この瞬間のあればこそであった。全艦将兵の心が一つの号令にのりうつる。

「発射用意」

一秒、二秒、三秒……。

「発射はじめ」

親潮が敵中深く進入し、絶好の射点から、竣工いらい二度目の魚雷発射をまさに完了させたころ、長波と、江風、涼風の三隻は、敵の背後にまわった第一輸送隊と異なり、雨注する敵弾や、するするとのびる間断ない魚雷攻撃を受け、苦戦を強いられていた。そのなかを三〇ノット以上で回頭し、反航戦から魚雷発射に有利な同航となるべく針路を北西にとりつつ敵陣に迫っていた。

このときの日本の水雷戦隊各艦の行動は見事というほかはない。暗黒の海面、一方的に攻撃を受けながら、攻撃準備をととのえ、最大戦速で疾駆し、敵を狙い、しかも狭い海域でバラバラになりながら衝突の危険すらもおかしていないのである。

訓練は真実生き生きと実行されていたのである。

江風艦長・若林中佐は回想する。

「大口径、小口径のあらゆる弾丸が、江風の航進する海面一面に水柱としぶきをあげ、まるで水の表面がささくれだったようだった。それが全部江風をめがけて撃ってきているように感じられ、吊光投弾や星弾、それに曳光弾とがいりまじって、海面は真昼のような状況になった。その真ん中に自分たちがいるのである。雷跡が艦の前後をはさんだこともあり、まったく勝敗はおろか生死が紙一重であった」

魚雷の発射準備は完了の状態にあった。にもかかわらず、敵の態勢も兵力もいぜんいっさい不明。敵弾の水柱としぶき、それと光の束の目つぶしで、ろくろく敵艦を見ることはできない。自分が急速回頭したために生じた大きなうねりにもまれ、敵弾のふすまのなかを真っ向から敵艦隊に接近していく。江風の水雷長・溝口大尉は全射線発射を意図していた。いちばん有効な、集束した雷跡で敵艦を包もうというのである。発射管員が緊張して、伝声管で伝えられてくるであろう〝発射はじめ〟の号令を待ちに待っている様が容易に想像できる。それにしても、発砲の閃光だけの敵情では困りものだぞと思い、刻一刻と発射の機会が失われていくのが気が気でなかった。

そのつぎの瞬間である。敵の方らしいと思う方向に巨大な火柱があがり、それを背景に、敵の巨艦が瞬間美しく銀色に照り映えるのを、溝口水雷長は認めた。重巡洋艦ととっさに判断した。ほとんど同時に江風は敵の主砲弾の夾叉（きょうさ）を浴びたが、もはや意に介しない。

「艦長、突っ込んでください」

中原司令が落ち着いて若い大尉の意見具申をすくいとる。

「よし、艦長、突っ込もう」

いわれなくても、若林艦長の肚は決まっていた。いまをおいてチャンスはない。

「では行きますよ」

機関ははげしく胴ぶるいし、駆逐艦は頭をふり立てた。ひたむきに突進する。いまや江風のまわりからはいっさいのもの音が途絶えた。敵の砲撃もようやくに距離を正しく摑みはじめ、両舷間近に大きな水柱を奔騰させたが、その水柱のなかに平気でおどりこんでいく。立ちこめる硝煙としぶき。じりじりするほどゆっくり水煙が散ると、敵重巡が双眼鏡の奥に現れてくる。

「右魚雷戦同航」

敵艦の特徴ある三本マストやどっしりと重量感のある構造物がありありと見てとれた。距離はやや遠いが、方位角五〇度付近、射点としては絶好になりつつある。

きかん気の水雷長が歯を食いしばりながら、つぶやいた。

「畜生、もう少し近ければ」

しかし、いや、だからこそ、かならず沈めてやるの闘志がより燃えたぎる。

「目標右八〇度敵巡洋艦三番艦、敵速一八、方位角左五〇」

照準をつけるより早く敵艦が方位盤照準の中央にきた。水雷長はするどくいった。「いまがいい射点です」。否応もない、艦長は必中を祈りながら号令する。

「発射はじめ」

溝口水雷長はその〝祈り〟を虚空に投げ込んだ。生き甲斐をこの一語にこめる。

「発射！」

「ヨーイ……テッ」

射手の叫びが圧力の音とともにおうむ返しに返ってきた。全射線八本の魚雷は二秒おきに軽い震動を残してとび出した。前後左右の水柱のなかで江風艦橋はじっと雷跡を見まもっている。

だが、発射できない不運な駆逐艦もあった。江風とともに一八〇度急速回頭、敵艦隊と同航に移ったとき、涼風は探照灯をつけ、一二・七センチ砲五門をふりたて砲撃を開始した。小さな駆逐艦は、轟音のるつぼに叩き込まれた。駆逐艦は一斉射撃をするごとに反対舷に四度傾く。また、発砲前にはブザーがビーと四度鳴る。

この最後のブザーで艦橋にあるものは眼をつむる。発砲の閃光で眼がくらんで、しばし盲目となるのを防ぐために。涼風が十一発目の砲弾を撃ち込んだとき、艦橋が直進する数本の雷跡を発見したのである。砲戦を挑んだため絶好の目標となったのか。

涼風にとってはもの足りない戦闘になった。

敵の雷跡回避のため、大きく回頭し、魚雷戦のまたとない機会を逸した。容易に敵を仕止められたはずであったものを。戦闘の立ち上がりの接敵距離がやや遠きに失した感があり、速力を上げるのに時間がかかりすぎ、敵の吊光照明に眩惑され、それが涼風の戦闘の流れをせき止めてしまったのであろうか。

涼風は魚雷回避の際に見失った僚艦江風を探そうとしたが、暗い海面の濛気と、たなびく硝煙にそれも妨げられた。やむなく針路を三一五度にとる。これは来た道をそのまま再び戻ることになる。涼風の戦闘はこれですべて終わった。

敵大部隊に砲戦を挑んだのは、涼風ばかりではなかった。旗艦長波もまた果敢に敵の大口径弾に一二・七センチ砲で対抗したのである。涼風と異なり、警戒艦であったためにとっさの会敵に速力を容易にとりもどすことのできた有利さが、長波を敵に肉迫突撃する機会を与えた。吊光弾や照明弾によって進撃海面は、真昼の太陽を直視するかのように銀色に光り、眩惑され、双眼鏡はほとんど役に立たない。長波はしかし撃ちはじめた。先頭の高波に集中する敵砲火の発砲源を目標にしたのである。僚艦高波の健闘に、一部の砲火を引き受け、精一杯の声援を送る心意気もあった。

　しかも高波より戦況報告がつぎつぎに隊内電話でとどけられる。第一斉射より命中弾、という華々しいものであった。事実、長波艦橋からは、敵艦に小さな火炎が起こり、その火を背景にして、一隻、また一隻と航過する敵の大型艦影を見ることができた。双眼望遠鏡にとりついていた見張りが叫んだのはこのときである。

「敵主力艦が見えます」

　艦長・隈部中佐がダメ押しに反問した。

「ナニ、主力艦？」

　艦橋は瞬間どよめいた。測距員がこれを見逃すはずはなく、距離を上から伝えてくる。海上決戦兵力の主体といばった主力艦を相手にできるとは、しかも夜半の肉迫雷撃によって。これこそは水雷屋の冥利というものであろう。雷鳴を思わせる砲声の殷々（いんいん）とこだまする戦艦の砲撃戦のさまを、とっさにだれもが胸に想い描いた。強力に武装し、頑強に戦う主力艦。無敵を誇るその厚顔さを、地べたに叩きつけるにはわが九三式魚雷しかなかった。

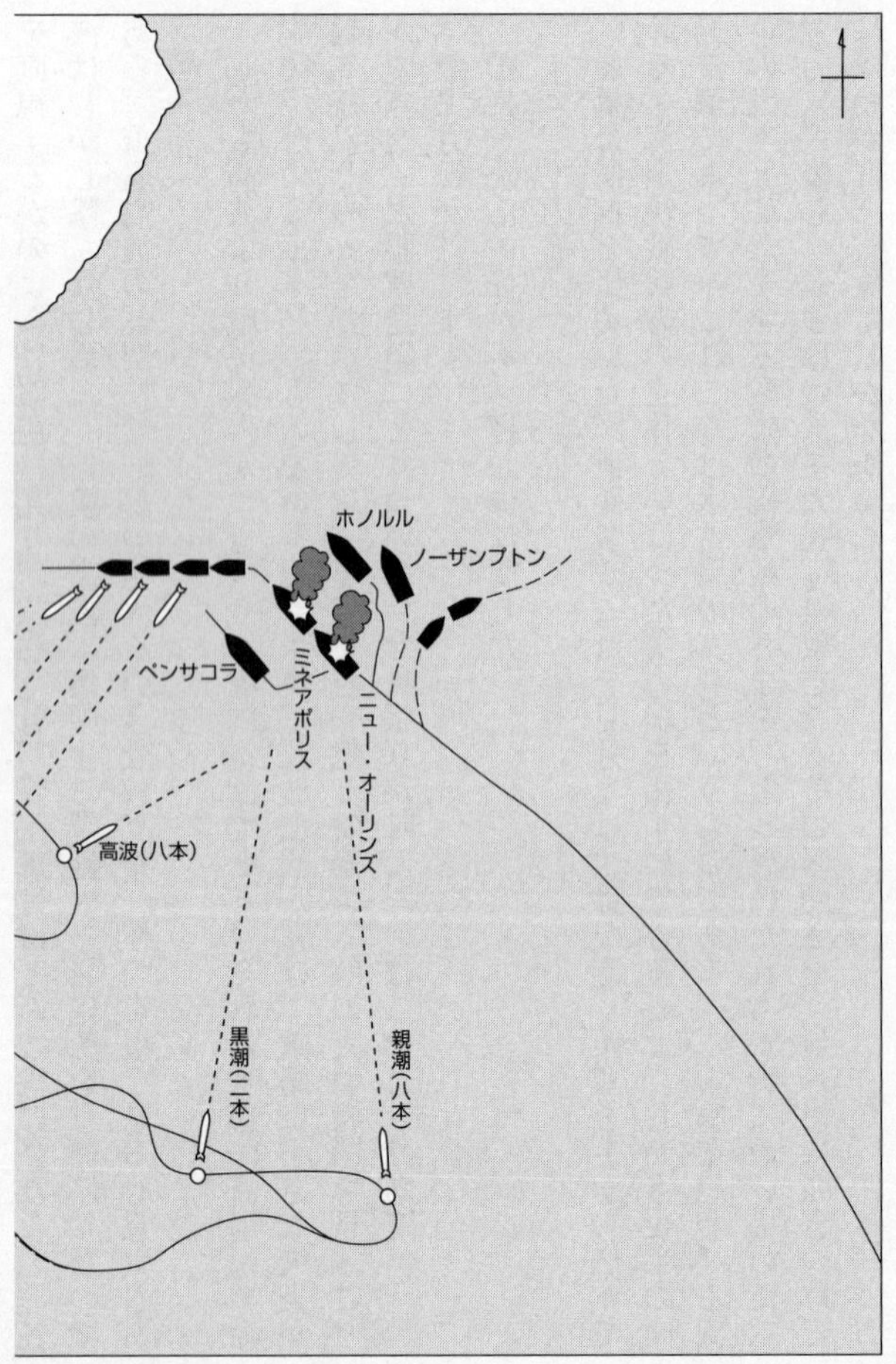

ホノルル
ノーザンプトン
ペンサコラ
ミネアポリス
ニュー・オーリンズ
高波(八本)
黒潮(二本)
親潮(八本)

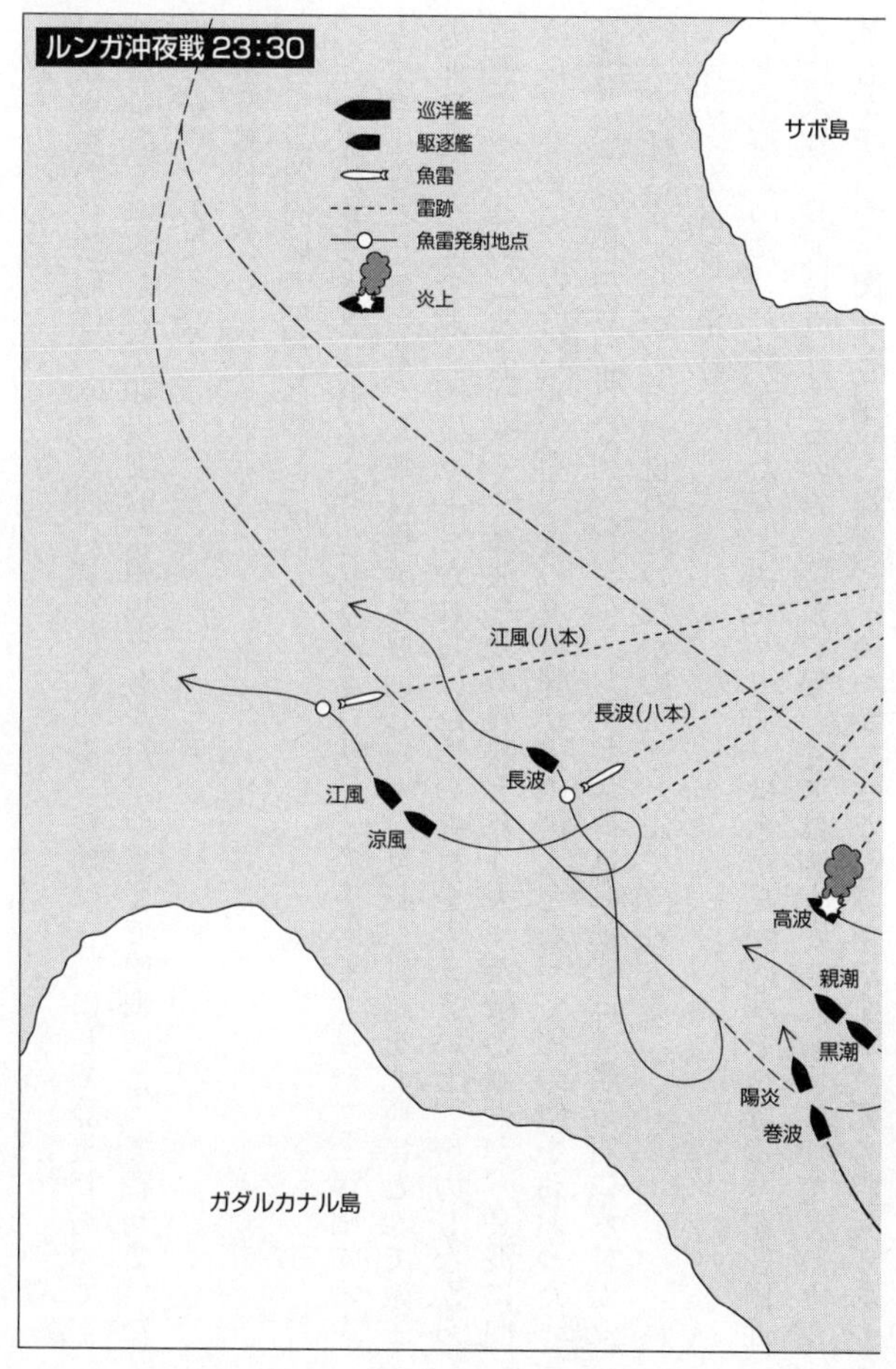
ルンガ沖夜戦 23:30
巡洋艦
駆逐艦
魚雷
雷跡
魚雷発射地点
炎上
サボ島
江風(八本)
長波(八本)
長波
江風
涼風
高波
親潮
黒潮
陽炎
巻波
ガダルカナル島

「撃ち方やめ」

駆逐艦の豆鉄砲はつぎの瞬間に息をひそめる。艦橋は一瞬にして静まり返って、不意にあらゆるものが非現実的な相貌をもった。いままで砲戦によって戦っていたことがウソのような……。

隈部艦長は、

「右魚雷戦同航」「おも舵いっぱい」

とつぎからつぎと流れるように号令をかける。「おも舵いっぱい」と復唱する声も生き生きとしている。長波は煙幕を展開しながら反転、針路を北西にとって敵主力陣に迫った。全速三四ノット。かれらは巨砲の猛打を考えまいと、努力しながら前進する。このころようやく、高波を鉄の残骸と葬り去った敵の砲火が、長波に向けられてきた。青白い光、赤、青の曳痕弾(えいこんだん)が光の洪水となって闇の空をおおった。

「敵発砲」と見張員の叫声がつづいた。しかし長波は直進する。艦首右に水柱が立つ。水柱はくずれながら、夜の闇のなかに吹きとんで流れ去る。

「宜候(ようそろ)、水雷長、定針」

と航海長の声。針路がぴたりと決まり、あとは水雷長が照準をつける。左舷側近くに水柱。長波は直進するのみ。魚雷を撃つまでは弾丸が当たらずにいてくれとだれもが祈った。閃光と砲声と爆風、そのなかにまなじりを決する決死の将兵があった。機関はうなり、目もくらむ白波が急流のように舷側をすべって艦尾の方へすっとんだ。

「用意」

用意、用意と尻上がりの声が、伝令によって発射管に伝えられた。艦橋のだれも思わず拳を握りしめた。この一瞬のためにある駆逐艦、そして乗組員二百五十名。

…………

長波艦橋の記録係は戦闘記録に書き記す。（日本時間）

二一三三　長波敵戦艦ニ対シ発射（八本）長波射撃再興

二一三三　長波付近ニ敵弾雨注ス（大口径弾アリ）

二一三三　長波煙幕展張（三分間）

攻撃がいかに危険な状態で行われたかがよくわかる。

17 命中

ライト艦隊　重巡洋艦

どの駆逐艦の魚雷が有効だったかを問う必要はない。かれらはそのとき、そのおかれた位置、そのおかれた状況において、ひとしく最善をつくした。多くのこれまでの記録には、各艦ともドラム缶を投棄するまで魚雷発射管の旋回もならず苦労した、と記録されているが、これは正しくはない。発射管はドラム缶の有無にかかわらず旋回できたし、事実、各艦とも田中司令官の「突撃セヨ」の命一下、発射準備を完了している。しかもなお、かれらは攻撃には慎重を期した。予備魚雷はない。発射は一回かぎりなのである。避退のためならば敵方向に魚雷をばらまき混乱を起こさせれば、それでたりるであろう。命令は「突撃」なのである。撃滅なのである。各艦の指揮官も下士官兵も冷静にそのもてる力をフルに発揮し、敵艦撃沈のために挺身した。魚雷発射の機会をついに得なかった艦があっても、それはたまたま不運なだけであり、挺身に変わりはなかったのである。

しかし、一応整理の観点から、戦闘がはじまって十五分、前半の戦いを「戦闘詳報」によって追ってみる。（現地時間）

二三二三　涼風（すずかぜ）、敵巡洋艦ニ対シ射撃開始
二三二三　高波（たかなみ）発射ス（八本）（注…その直後に命中弾をうけた）
二三二四　高波航行不能
二三二五　親潮（おやしお）、敵戦艦一隻ソノ後方ニ巡洋艦一隻ヲ認ム
二三二七　敵駆逐艦二隻ニ火災起ル（高波ノ射撃ニヨルモノト推定）
二三二八　黒潮（くろしお）、敵巡洋艦（「ペンサコラ」型）ニ対シ発射（二本）
二三二八　長波（ながなみ）、射撃中止
二三二八　長波、敵戦艦同航スルヲ認ム
二三二九　親潮、敵戦艦ニ対シ発射（八本）（二三三四、二本命中ヲ認ム）
二三三二　長波、敵戦艦ニ対シ発射（八本）長波射撃再興
二三三三　江風（かわかぜ）、敵巡洋艦ニ対シ発射（八本）

これでみるとおり、二三時二〇分のアメリカ艦隊の砲撃開始から、およそ十三分後までに、田中部隊は九三式魚雷三十四本を暗黒の海面に発射したのである。不利な態勢から立ち直り、敵情を確認し、発射された三十四本の〝蒼き殺人者〟は、扇形にひろがって、雷跡も残さず疾駆した。そして正確な、恐ろしい力によって、た

ちまちに強敵ライト艦隊を包みこんでしまう。

戦いの初期、ライト少将は優勢を確認していた。高波が炎上し、爆発するのを望見し、各重巡の乗組員は歓喜の声をあげた。大砲も発射管も叩き潰され、沈黙の漂流艦となった敵艦に、かれらはなおも二〇センチ砲弾を撃ち込んだ。そして旗艦ミネアポリスの艦橋でライト少将は胸を張って、つぎの砲撃目標を艦首方向に見える目標に指示、砲火を移すことを命じた。ニュー・オーリンズは訓練どおり規律正しく四分間に九斉射の優位なペースを保っていた。ペンサコラはレーダーが旧式のため海戦参加が遅れたが、それでも四分後には砲撃命令が下り、四目標に対し二〇センチ砲弾を猛射することができた。軽巡ホノルルとノーザンプトンは艦首方向に見える目標につるべ打ちの砲火を送った。それは高波だった。結果論でいえば、高波は囮(おとり)の役割を果たし、アメリカ艦隊はまんまとひっかかっていた。

そして、それは二三時二七分であった。

旗艦ミネアポリスが実に九斉射目を終えたときであった。その艦首付近にすさまじい水柱が突き立ったのである。自艦の発砲音と、敵魚雷の炸裂音をだれも聞きわけられなかった。一発は一番砲塔の前の兵員室に命中し、二発目は第二缶室を吹きとばした。水柱はたちまちに火柱に変わって一万トンの重巡を包んでしまう。艦はのめりがちに速力を落とす。そしてゆっくりと左に四度傾いた。

艦橋にあった艦長ローゼンダール大佐は、愕然としながらも、なんとか消火は可能であり、艦を救えるだろうと自分に暗示をかけた。艦は心細い揺れ方をした。各区に浸水はひどいらしい。しかし、なお後部の二〇センチ砲塔は射撃をやめようとしなかった。艦長は自分がしなければならない重大任務と責任とをずっしりと感じて奮い立った。

二番艦ニュー・オーリンズは旗艦と衝突しそうになり、危うく右に舵をいっぱいにとってすりぬけようとした。この動きで追突をまぬがれることができたが、かえって魚雷一本の突入を許すことになった。魚雷は艦首付近に深く食いいって前部弾薬庫を轟発させ、海も裂けるすさまじい音響と一緒に、第二砲塔付近までの艦首を吹きとばした。二〇センチ砲の砲身がゆっくりと夜空に舞って右舷の海に落ちるのを、何人かの乗組員が恐怖の眼で眺めた。自分の腕が千切れてとんだように思うものもあった。事実、腕を千切られ、もう一本の手でひろいあげ、すすり泣きながらもとのところへあてがっている水兵がいた。かれはまだ幸運な方であった。かれの隣にいた仲間は血の海のなかの肉片と化していた。艦はのめって急停止した。

艦尾付近にいたニュー・オーリンズの通信兵は、それでも自艦の爆発と思わず「ミネアポリス轟沈す、ミネアポリス轟沈」と繰り返し、隊内超短波電話に悲鳴をなげ入れた。後部砲塔は、艦首がふきとんだことを知らず、なお砲撃をやめようともしなかった。

三番艦ペンサコラの艦長ロウ大佐は対空射撃指揮所にあって、旗艦、つづいて右へ舵をとったニュー・オーリンズが雷撃されたのをその眼で見た。かれは落ち着いて衝突を避けるべく舵を左にきった。その場合、いちばん賢明な処置であったかもしれない、が、ペンサコラには不運であった。日本艦隊から見て、燃える僚艦を背中にしたことになった。このため、クリッパー型の艦首、高い三脚前檣、ペンサコラを特徴づけるシルエットが黒い海面に浮き彫りにされた。

二三時三九分、ペンサコラは針路を三〇〇度にとり、再び戦闘に加わらんとしたとき、墨を流したような海面に直進してくる青白い燐光を見つけたが、もう回避する暇はなかった。前檣の真下、水線下の機関室に命中、たちまち滝のような海水が奔流した。一瞬にして砲塔はすべて作動を停止、通信も不能、不敵の重巡は戦闘機能を奪われただ浮かばるる鉄屑の山となった。

砲が沈黙し漂流する艦には、聞こえるものは重傷者の胸をえぐるようなうめきと、破れた缶からもれる蒸気の響き、そして力のない命令伝達の声だけとなった。しかし、間もなくロウ艦長を喜ばせる報告が、機関科からとどけられてきた。生き残った缶室の蒸気でタービンを修理して動かせば八ノットぐらいは出せるという。動ければ、助かる可能性はまだ残されていた。

がっくりと左肩を落としたペンサコラは、這うようにして戦場から避退しようとする。

またたく間にライト艦隊はその戦闘力を失った。重巡三隻が航行を停止し、大混乱が隊列に生じ、生き残った艦も魚雷を避け、味方の炎上する艦を避け、狂ったように逃げ回らねばならなかった。逃げながら、しかし、なお砲撃を試みる。そして、主力重巡戦隊の後尾にあった軽巡ホノルルとノーザンプトンに、残された〝敵撃滅〟の期待をかけねばならなかった。なぜなら後衛の駆逐艦のラムソンとラードナーは、とっくに戦場から遠のいていたからである。この二隻は、つぎつぎに一万トン重巡が潰滅されていくのをみてとり、右に避退しようとしていたとき、何を間違えたか、損傷した味方の巡洋艦の一隻に猛烈な攻撃を加えられ、あわてて敵にも味方にも背を向けて全速力で逃げてしまっていたのである。

戦場はいまやアメリカ艦隊にとって落莫（らくばく）としたものとなった。一本棒の単縦陣はいとも簡単に食いちぎられてしまった。前衛の駆逐艦四隻はそのまま突っ走り、サボ島をぐるりと回ろうとしているし、後衛の駆逐艦二隻は戦場から遠く離れてしまっていた。重巡三隻は火山と化し、濛々たる火煙を夜の海に噴き上げている。どこもひどく混乱していた。ホノルルはジグザグ航行で魚雷を避け、砲撃する余裕もない。ノーザンプトンは炎と煙と流血の漂流物と化した僚艦をはずして、北に進路をとった。とり残された重巡の負傷していない乗組員は、日本の駆逐艦が止めをさしにやってくるのを絶望のうちに待っていた。

18 避退

二三五二　最大戦速　針路二八〇度
第二水雷戦隊各艦

巻波は全速力で戦場を横切りサボ島に向け疾駆していた。数本の敵雷跡にかこまれ、必死にこれを回避、ついに肉迫魚雷発射のチャンスを巻波は逸したが、かわりに九死に一生を得た。駆逐隊主計長・清水主計中尉が艦橋において眺めていた夜戦は、終わってみれば絢爛豪華、光と色彩の狂宴とも思えるものである。あの下で人間の身体が千切れ、甲板が血の海になっているとは想像もつかない。主計長は戦闘中はその持ち場がなく、傍観者的にならざるを得ない。そのためのいつわらざる感想なのだが、なぜか海の上という遠い距離と、暗闇という二つの因数が、敵に対する憎しみとか恐怖といった感情を忘れさせていた。しかし、そののんびりした主計長も、敵の泡をふく魚雷が艦尾に直進してきたときには、思わず息をのんだ恐怖の記憶をもっていた。

三本のうちの一本だった。残る二本は、艦長・人見中佐の巧みな操艦で回避したが、つづいてきたこの一本の襲撃はついにかわせなかった。「雷跡ッ右九〇度」。清水主計中尉が見たものは、まさしく泡立つ海面下の薄白い直線で、それはするすると伸び、伸びきったところに巻波があったのである。やられた！ と中尉は観念の眼をつむった。しかし、爆発どころか小さなショックもなかった。魚雷は三番砲塔付近の艦底下を高速で通過して右から左へと走り去っていた。

中尉は回想する。

「この魚雷の艦底通過と、航海長・余田四郎大尉が、轟音と衝撃音に消されまいと、早く撃たせてください、とありったけの声で、なんども叫んでいたのを記憶している。艦長はそのたびに、待て、もう少し待て、と押さえていた。ついに水雷長が怒りだして怒鳴りつけたんです、艦長、何をしてるんだ！ 階級の上も下もない。駆逐艦乗りとはそうしたものだった。ファイトの固まりみたいな連中ばかりが……」

艦橋は、だから、一時は怒声のうずであったという。だれもが与えられた持ち場でベストをつくし、恐怖と戦い、挫けざる闘志を発揮するのである。おのずから、気安くもあれば、荒っぽくもあった。魚雷一発で二つに折れるぺなぺなの艦に乗って荒波を押しわけ、大砲を撃ち魚雷をぶち込む。そこに生き甲斐をみつけている水雷屋が、やっと敵戦艦を捉えたとき。逸(はや)りに逸る気持ちは抑えようもない。しかし、抱いた魚雷はわずか八本、これをもっとも効果的に撃ちこむ機会を、艦長とすれば、必死に探し求めるのも無理はない。その慎重さが発射の機会を逸したのであるが……。

巻波の機関長・前田大尉は艦橋での必死の激論も知らない。また、魚雷が艦底、それも自分のすぐ脚の下を通過していったことも全然知らなかった。かれが戦っていたのは暗い機関指揮所でひたすらタービンと格闘することであった。砲声は機械室の大尉の耳をつんざくかのように響いた。明らかに敵艦に撃たれ放しの数分があり、機関科員にはなぜ反撃しないのかわからなかった。なぜ撃たないのだ、なぜ戦わないのか、とかれらは地団駄を心の中で踏んだ。踏みつづけ、怒鳴りつづけることで恐怖と戦うのである。やがて巻波が発砲した。自分がその飛んでいく砲弾であるかのようにかれらは勇み立った。ぱらぱらと天井や壁の塗料がはげ落ちる。発砲時の艦の振動はタービンを吹きとばさんばかりの勢いである。

閉ざされた一室にあり、頭上で展開されている戦闘を想像することは、いかなる豪胆な人にも背筋にしびれを走らせるものだという。極度の緊張のなかにあって、敵弾が機械室にとび込んできてすべてを破壊しないか、いまに舷側に穴があき海水がどっと浸入してくるのではないか、想像は常に暗く陰惨で不吉な顔をもっていた。前田機関長もさすがに心の動揺は隠せない。戦場にあっては、だれもが勇者でもなければ、超人でもなかった。

しかし、不安そうな部下の痛いような視線を感じたとき、かれは六十名の上に立つ大いなる責任を感じたという。果たして顔色が変わっているのではないかと恐れたという。「くそッ、大丈夫だ、心配するな」と部下を叱咤することで、辛うじて大尉は自分の身と心とを支えた。

戦闘がはじまって二、三十分ほどたって、ようやく上甲板に静けさが取り戻された。戦闘が終わったのであろうか。部下の一人を上甲板へやって戦況を確かめさせ、その報告をうけたとき、機関長は「そんなバカな」と思わずつぶやいた。巻波は単艦で北に向けて離脱しつつあるというのである。ということは味方が巻波を残して全滅したのであろうか。虚をつかれたことは確かである。揚陸作業にかかろうと速力を原速以下に落としたときに「敵見ユ」の報告をうけた。しかし、そのために攻撃に組織的な動きを欠くことがあったとしても、果たして全滅するような拙劣な動きを、八隻の、鍛えぬかれた水雷戦隊がとるとは信じられないことではないか。

前田大尉は艦橋へ行ってみようと決意した。上甲板に上ったとき、かれが見たのは艦尾の方向に焰々と燃え、暗い海上に漂う艦が一隻……。さらに遠くに火が二つ、三つ。恐怖がかれを捉えた。黒煙と火焰の火山にひとしい艦、なおもときどき爆発し火の海が艦をおおい、濛々たる蒸気と煙と紅蓮に大きく包まれてのたうつ艦。しかも、なお殷々と砲声がどこかで轟いている。前田大尉は眼の前に見える艦が敵であってくれと祈った。味方であるはずはないと、懸命に信じようとしている自分に気づく。左舷階段を上って艦橋に達したとき、奇妙な静寂がそこを深く包みこんでいる。

前田機関長は、大声でだれともなしに訊いた。

「どっちだ。炎上してるのは敵か」

艦橋はムッとしたように押し黙っている。殺気だっていたというより、なぜか沈痛な空気が流れている。

「まさか味方じゃ……?」

「高波だ。燃えているのは高波なのだ」

機関長は、戦場をはるかに脱するまで、日本艦隊がやられたのだという苦汁だけをたっぷり味わわされ、大勝利を得たのだという大きな喜びを味わわずじまいであったことをおぼえている。

巻波の前方には、すでに長波、江風、涼風の三艦が夜の闇のなかに姿を消して避退していた。しかし、なお砲声と爆発音のつづく戦場では、陽炎と、ずっと奥深く突入したために遅れた親潮、黒潮の三艦が魚雷発射の機会を摑もうと懸命の索敵航進をつづけている。いつの場合でも、駆逐隊の襲撃は後続艦ほどむずかしくなる。暗黒の海上で、先行艦の行動にも気をつけねばならぬし、その間に敵情をさぐり、発射の機会を摑まねばならない。後続駆逐艦は全部を眼と耳にして突っ走らねばならないのである。黒潮は、親潮の発射と相前後して二本を発射したが、なお発射管には六本を残している。陽炎はそっくり八本を残していた。

陽炎は、それでなくとも乗組員全員が闘魂のかたまりとなっていた。第三次ソロモン海戦の第三ラウンドで、敵戦艦を絶好の射点にまで追いつめながら、敵か味方かに迷った一瞬の逡巡と気持ちのずれが、機会を永遠に失わせた。あのときの無念さが沸々としてわき返っていた。この夜戦でも、揚陸作業のために深くガ島に近寄りすぎて出足の遅れたことは否めない。不明な敵情、そして僚艦の発射に先を越されたこと、すべて同じような悪条件が重なっている。しかし、ただ一つ異なることがある。その兵力や態勢が不確かだとはいえ、眼前にいるのは間違いなく敵であるということ、これだけは動かせない事実であった。味方の雷撃でつぎつぎに火柱をあげ、敵艦隊は混乱しきっている。

陽炎はなりふりかまわずに、ひたすら突進する。炎上する敵艦群に肉迫する。二三時四四分、旗艦長波より全軍に攻撃終了後は「中央航路ニ避退セヨ」という命令があったが、発射の機会を得るまではと、なおも三〇ノットの追撃をつづけるのみ。

このころ黒潮は、再び絶好の方位角に敵艦を発見していた。見張員が叫んだ。

「敵巡洋艦、右舷艦首方向」

竹内艦長も、天に冲（ちゅう）する黒煙と火焰の噴火の向こうに、影絵のように浮かび上がった敵艦影を認めた。距離がやや遠すぎるが、九三式魚雷の底力は信ずるに足るものがあるであろう。司令官よりの避退命令がとどいてから一分後の二三時四五分、黒潮は魚雷四本を発射する。

ライト艦隊の重巡で、ただ一隻残ったノーザンプトンは、陣列の最後尾についていただけに、僚艦がつぎつぎに火柱をあげて落伍するのを見るや、すぐ右にいっぱいに転舵し、日本艦隊から離れるようにしながら、無傷の軽巡ホノルルの後ろからサボ島付近まで砲撃しつつ日本艦隊を追撃しようとした。この重巡は屈しなかった。主力が潰滅してしまったいま、劣勢をはね返すものは自艦の二〇センチ砲の威力しかないと信じきっている。艦長キッツ大佐は十分の余裕をもって舵を左に切り、日本艦隊と再び同航の態勢をとり、同時に全力をあげて主砲を撃ちはじめた。

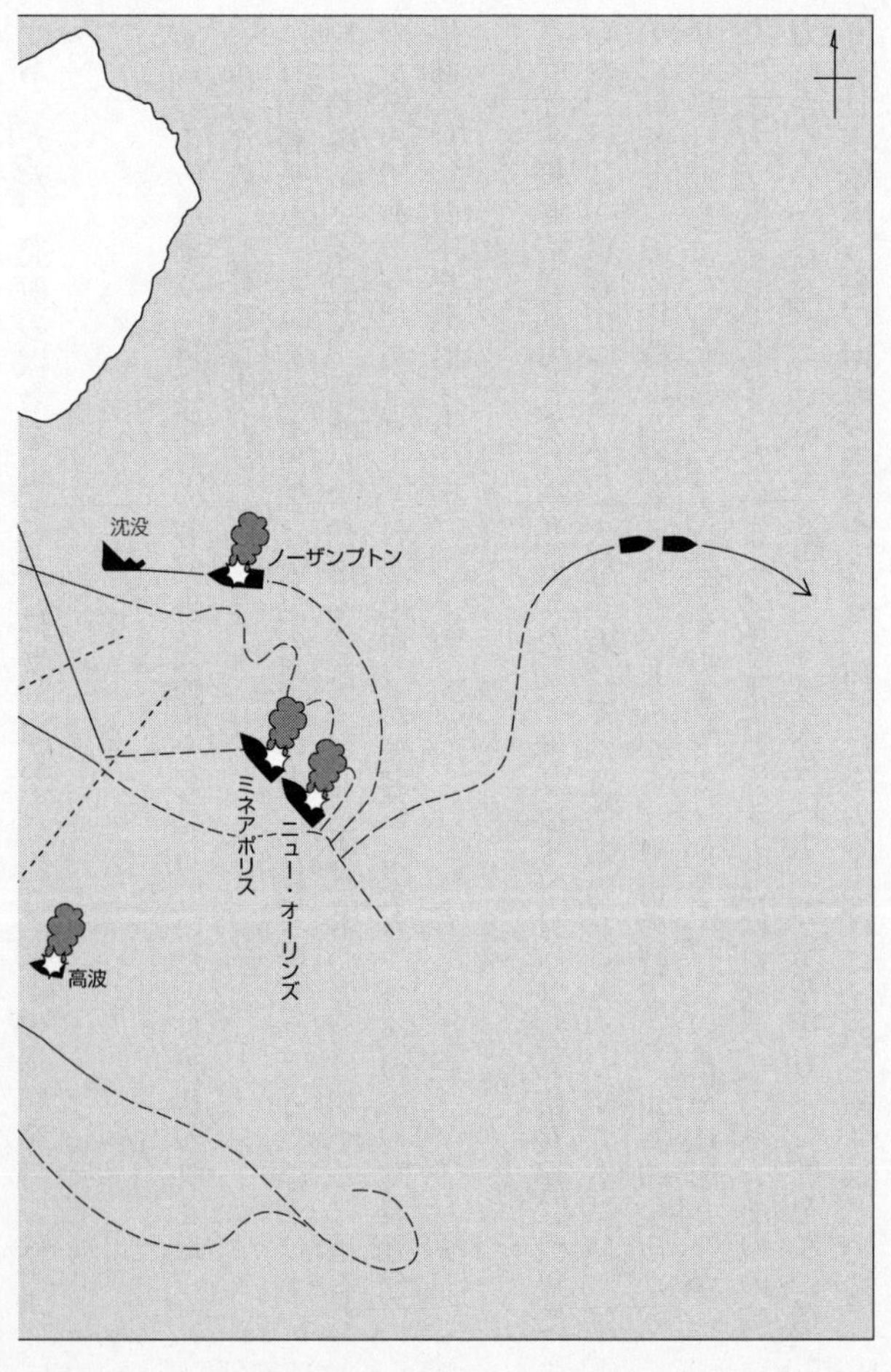
沈没
ノーザンプトン
ミネアポリス
ニュー・オーリンズ
高波

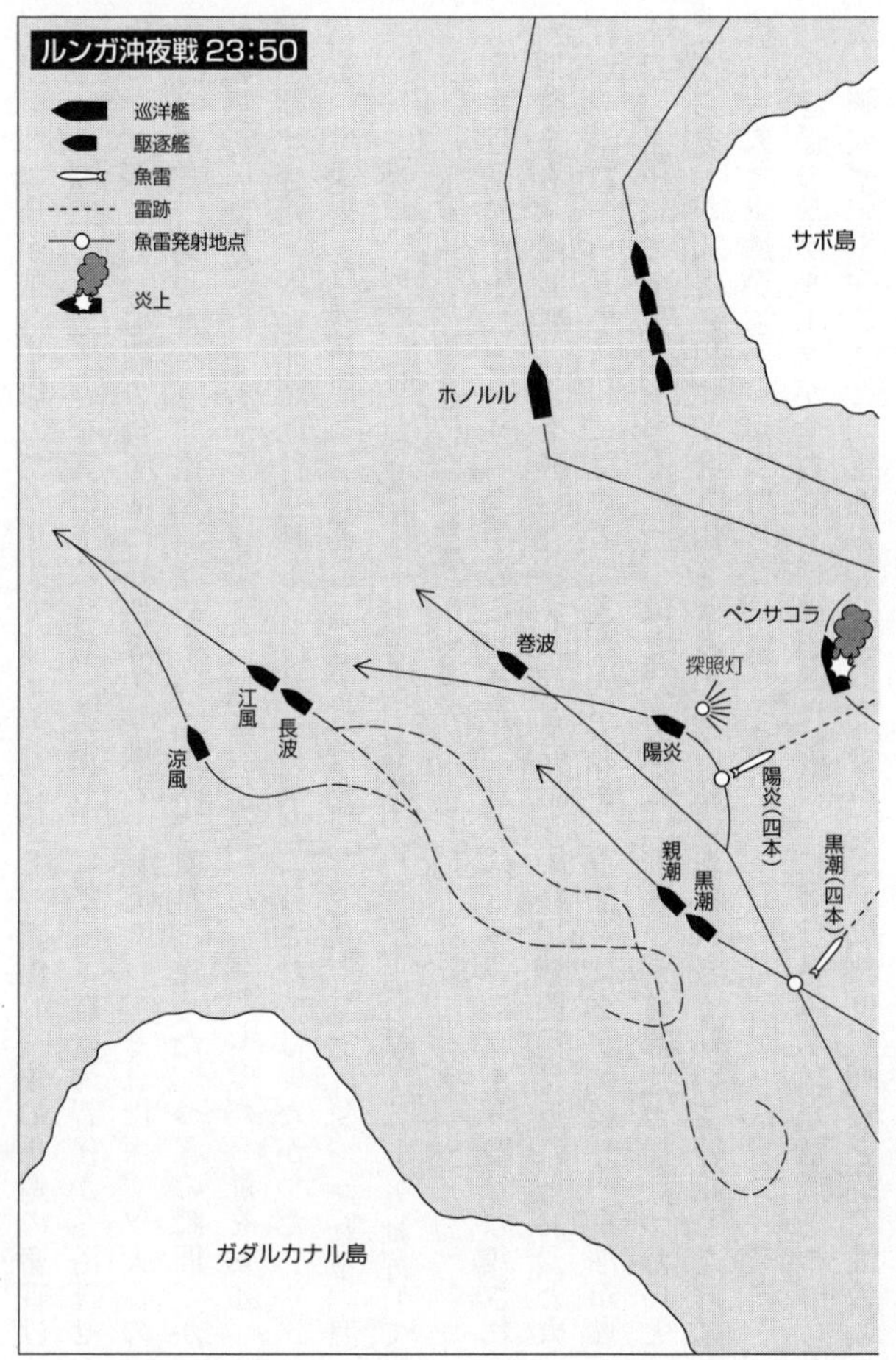
ルンガ沖夜戦 23:50
巡洋艦
駆逐艦
魚雷
雷跡
魚雷発射地点
炎上
サボ島
ホノルル
ペンサコラ
巻波
探照灯
江風
長波
涼風
陽炎
陽炎(四本)
親潮
黒潮
黒潮(四本)
ガダルカナル島

ペンサコラが重傷を負ってからすでに十二分たって、無傷の一隻の重巡の奮戦はつづいた。二〇センチ砲を実に十八斉射、避退していく日本艦隊の背後から浴びせかけた。傷ついた僚艦の仇を討つ痛快な追撃戦とも見えたが、それはキッツ大佐の大きな錯覚であったろう。砲撃開始いらい、十八斉射目を送った、つぎの瞬間、かれの見たのは左舷にするどくせまる蒼白い航跡だった。狼狽（ろうばい）しながら舵を切る、が、遅すぎた。かわす時間は一秒もノーザンプトンに残されてはいなかった。*

*事実、敵弾はおどろくべき正確さで長波を追ってきていたという。それを「照準はいいが、修正がまずい」などと、艦橋の田中司令官はのんびりと批評していたと、遠山参謀は後に語っている。

炸薬量五〇〇キロという〝海中のミサイル〟二本は、ついにライト艦隊の残された期待をも木端微塵（こっぱみじん）にうち砕いた。ノーザンプトンの後尾機関室付近にどおッと火柱が立った。あとに言語に絶する大きな穴があき、重油タンクが破裂し、重油が燃えだし上甲板まで火の海となった。火と水蒸気と、わき上がる黒煙と。いったいどこからそんな大量の黒煙が吐き出されるのか。艦は左に大きく傾いて停止した。艦橋にも火と黒煙が這い上がってきた。

応急係の数グループが全力をあげ火焔の柱のなかにとび込み勇敢な活動をつづけた。弾火薬庫を守ること、重油火災を食いとめること。火熱と、咽喉を焼く油の煙で、ひどく痛めつけられながらも、かれらは噴火口の中に挺身していった。しかし奔入する海水は、右舷注水によって平衡を保とうとするノーザンプトンの最後のあがきも許そうとはしなかった。そして人間の努力をあざ笑うかのように、一万トンの艦体をおおって黒褐色の煙と真紅の炎がめらめらと荒い息を吐きつづけた。

戦闘は終わろうとしている。しかし、なお陽炎は絶好の目標を求めて戦場を三〇ノットで走り回っている。水雷長・高田大尉は歯を食いしばっている。猫背にして方位盤の望遠鏡に組みついたまま、塑像（そぞう）のように動こうともしなかった。全身から闘志がにじみ出る。めざす敵主力の方向では、ときどき、轟音を上げて火薬が爆発していた。前檣楼（ぜんしょうろう）がこわれ、火焰と黒煙と噴出する水蒸気が、綿のように濃い雲となって、戦場をおおっている。少しずつ離れて、敵艦は大篝火（かがりび）のように燃えて、暗い海を赤く染めている。砲声は途絶えた。

陽炎はなお新しい敵影を求める。どんな犠牲をはらってでもいい。発射を成功させるために徹底的な戦闘をする必要がある。放胆と賞せられようと無謀とそしられようとも、委細かまわない。駆逐艦が刺し違え戦法をいどむのは戦理の自然、だてやおろそかではない。それにしても魚雷が八本だけとは痛い、と高田水雷長は思う。

水雷長は前から艦長から「発射は四本にする」と厳命されていた。八本扇状にして撃って一本当たればよいとされる攻撃に、四本と限定されては確実な射点まで突っ込むほかはないではないか。陽炎は死にもの狂いで敵を求めた。

こうして二三時五二分、陽炎は二番連管から魚雷四本を発射した。それがノーザンプトンを仕止めたものであるかどうか、混乱した戦場と漆黒の空間にあっては、いまは判明しない。日本艦隊の戦闘記録と、アメリカ艦隊の戦闘記録との〝時間〟が、かならずしもうまく一致していない。アメリカ側の記録が標準時間を採用しているのに比べると、日本側の記録が戦争中全作戦区域で用いた東経一三五度の中央標準時、すなわち日本時間を使っているからでもあろう。だれか功名を論ぜんという。ここには、陽炎の乗組員二百五十名が精魂のかぎりをつくして、縦横に戦場を走り回り、戦闘開始後実に三十二分たって、田中部隊最後の魚雷を発射したことを記録すれば、それで足りるであろう。

しかも、一分後、陽炎は大胆なことをやってのける。探照灯を燃える敵艦隊に照射し、戦果を確認したのである。僚艦がまだ付近にいるのかどうかも定かではない。陽炎のみが孤艦なお戦場にあるのかもしれない。その危険をおかして、乗組員の闘魂の光芒が、墨を流したような空を一本の劃然(かくぜん)とした光線で切りさいた。重油の焼けるにおいが風にのって艦橋にまで漂ってくる。探照灯の光の束は、海面をおおう厚い油の層を照らしだした。航海士・市来中尉には、照射数秒の短い時間が無限につづく長さのように感じられたという。

高田水雷長は光のさきに、マストだけをみせて沈もうとしている敵艦の姿を認めた。高い前檣も二メートルほどしか水面からのぞいていないようである。艦長がとっさにいった。

「水雷長、コロラド型のかごマストに似ていると思うが、どうか」

高田水雷長には確信がなかった。

「よくわからない」

その言葉に押しかぶせるようにして砲術長が、

「戦艦だ。戦艦だ。間違いない」

と叫んだ。

「巡洋艦（オーガスタ型）一隻四分ノ三沈没　戦艦（ワシントン型）一隻傾斜沈没中ナルヲ認ム」

陽炎よりの探照灯照射による敵情報告をうけたのは、旗艦長波がサボ島の南水道を西方にぬけ、中央スロットに入ろうとしているとき。時計の針は十二月一日を指している。静寂の海と空、東の水平線の遠くかなたに、炎がなお夜空を焦がしているのが見える。

艦橋のどこにも興奮の色はなかった。将兵は日頃の訓練そのままに正確に冷静に、自信をもってその任務を果たしている。長波は激戦の真っ最中に命中弾の一発を受けた。「後部煙突と浴室、厠(かわや)に敵弾命中」と応急員が艦橋へ報告した。しかし、つづけて「いずれもカスリ傷で心配いりません」と元気な声が応じた。艦橋に安堵の吐息がほっと洩れたが、このときのほか終始、訓練時と変わったところがなく、戦闘中も冷静さが保たれていた。

田中司令官には、それにしても高波の航行不能が痛恨この上なく感じられた。

「もう一度高波を呼んでみろ」といった。高波は二十分ほど前より連絡を絶っている。猛烈な奮戦ぶりからみて沈没が懸念された。味方の各艦の位置が、司令部の参謀たちの手ですばやくチェックされ、遠山参謀がいった。

「親潮と黒潮が近いようです。これに状況を調査させます」

じっと双眼鏡を東の海に向けたまま、ウムとだけこの痩身の提督はうなずいた。

19 救援

十二月一日 〇三一五

高波沈没す

旗艦長波(ながなみ)から隊内電話で「高波(たかなみ)ヲ救援セヨ」の命令を受けたとき、親潮(おやしお)艦橋は一瞬凝然(ぎょうぜん)となった。親潮はすでに魚雷を撃ちつくしているし、黒潮(くろしお)も発射管に二本を残すのみである。素手で、怒り狂っている手負いの獅子の足もとに近づかねばならないのか。

親潮の航海士・重本少尉のそのときの気持ちは、確かに心細さにあふれたものであった。

「真っ暗な闇のなかで、どこからともなく脳天を叩き割られ、むこう脛(ずね)を蹴とばされて癇癪(かんしゃく)を起こした敵戦艦が、犯人の片割れの高波に集中砲火を浴びせかけ、なぶり殺しにしたあげく、まだ憎きやつがその辺をうろちょろしているに違いない、そいつを見つけ出して捻りつぶしてやろうと牙をむき出し、目を血走らせている」

そんな姿が、若い少尉には容易に想像されたという。戦いが終わったいま、息苦しいほどの恐怖感がかれをしばりつけようとする。*

＊米軍記録によれば、戦闘の後半、上空に水上機が飛来していたという。この搭乗員は「吊光弾落とせ」の旗艦からの命令を待ちつつ、空しく旋回をつづけていたらしい。戦場にはそんな馬鹿げたことが起こるものらしい。

だが、その一面には、ただ一艦ですべての犠牲を引き受けて戦った高波の航行不能を知っては、たとえ命令がなくとも、救援しなければならないとする強い気持ちもある。あるいはそれが僚艦としての義務であり責任ではないかと思う。いや、それを友情といい直してもよい。重本少尉はふだんよく口に出す「武人の情け」という言葉が浮かんだ。この言葉を思い出したとき、ほとんど泣きそうになった。戦友愛とは血の洗礼を受けたときに初めて通う怒りに近い気持ちなのか。

　親潮と黒潮は、サボ島を遠く通りすぎた海面から大きく反転した。針路は再び一三五度、南東である。戦場へ引き返す。十二月一日零時二六分、妖しいまでにきらめいて、南十字星が頭上にかかっている。流星がつづいて、二つ三つ、明るい尾を曳いて消えた。細い弓のような下弦の月が、いつか雲のきれた空、東の方にのぼっているのが眺められる。

　同じ月は大破漂流する死の艦・高波艦上からも眺められた。戦いは終わり、海はもとの静寂をとり戻している。そこには憎悪もなければ敵もない。あるのは無言の死者となお生きつづけようとする生者の区別だけである。何がこれほどまでに両者を遠く隔ててしまうのか、だれにもわからない。闇が再び巨大な生きものとなってせまってきた。ついさっきまで荒々しい戦場であった海と空は、途方もない平和な広がりと無限の量感をもって、人々の頭の上からのしかかってくる。

　炸裂した弾片を受け、昏倒した高波艦長はすでに応急員の手によって、艦橋から運び出されている。艦橋に、肩の辺りから千切れた艦長の右腕のみが残された。爆風と弾片でめちゃくちゃにされた死者の肉と骨と血が絨毯（じゅうたん）のようにひろがっていた。だれのものともわからない。鉄弾が、その千切れた死体をさらに細かく砕くかのように、高波に撃ち込まれた。かれらの犠牲において、また初弾命中敵艦火災というかれらの殊勲において、僚艦が魚雷発射の機会を得、追い込まれていた立場から見事に逆転にみちびくことができた、と知ったところで、それが死者になんの足しになるというのか。

　耳をつんざくような砲声、炸裂音、閃光、轟音、いっさいの狂乱が終わって、戦場に底知れぬ虚無が漂っている。いま、高波艦橋になお生きてあるのは、第三一駆逐隊司令・清水大佐、右足先が吹きとんで羅針盤に身体をしばりつけ、やっと立っている水雷長・押兼大尉、何とかして立ち上がろうとしている池田兵曹、双眼鏡にとりついて味方艦をさがし求めている藤野兵曹、そして航海長・江田予備中尉の五人。あとは血まみれの死者、ひん曲がった鉄骨と弾痕と、血の堆積（たいせき）、それにまったくの静寂が残されている。

そしてつい先刻、砲術長・江間中尉が、負傷者を背負って射撃指揮所から降りていきながら、

「しっかりせい。味方が勝ったのだぞ。あの燃える敵艦を見てみろ」

と叫んでいた声が、いつまでも艦橋のなかに残っている。背負われて甲板に降ろされた下士官は、わずかに「よかった」といったが、かれに生きぬこうとする力のないことは明白であった。

非情の海である。生きられる希望はかけらもなかった。高波が火を発していないことが、わずかに慰めである。そしてそのことが生存者の死への歩みを遅らせている。将兵はなお屈してはいない。生きてあるものはすべて応急班に早がわりして、艦を生き返らせようと挺身している。艦が浮いているかぎり、生きているかぎりは、なお全力をつくす闘魂だけが、かれらをしっかりと支えた。高波はなお戦う艦であったのである。

航海長・江田高市予備中尉は静寂のなかに、だれか、低いが、しっかりした声で詩を吟ずるのを耳にした。

霜は軍営に満ちて秋気清し
数行の過雁月三更

旗甲板の血の海のなかに、重傷の男が坐し、炎々と燃えつづける敵艦をにらみつけながら、ひとり詩を吟じているのである。詩は、高波艦橋にいるものの腹の底にしみた。敵大部隊の攻撃を一手に受けて戦った駆逐艦、竣工いらいわずか百日の新鋭艦、それは将兵にとってもたった百日のはかない友情のときでもあったろう。それだけに一層かれらの心を結びつけるきずなは強いように感じられるのである。

「水雷長、だれか?」

清水司令が水雷長に聞いた。旗甲板をすかして見やりながらも、

「だれかわかりませんが……」

と、押兼大尉は答えた。明らかに二人は、同じ心の詩を聞いていた。

越山あわせ得たり能州の景

声の弱まりいくのが、だれの耳にも明らかであるが、なおふりしぼられて詩吟はつづけられた。

さもあらばあれ家郷遠征を憶う

旗甲板の声は切れた。男は右手をついてやや支えていたが、そのまま前に突っ伏した。まさしく勇士は家郷を憶いつつ再び動くことはなくなっている。

航海長・江田中尉は粛然たる想いでこれを見守っていた。仲間は義務以上の奮戦、責任の範囲を超えた力戦をやり終えて、つぎつぎに倒れていく。中尉は司令に願い出て応急指揮官として、艦橋を降り、高波艦内を見て回ることにした。かれが見た艦内の光景は悲惨の一語につきた。

江田航海長の手記より——

『戦時治療所となっている士官室に降りて驚愕した。蠟燭(ろうそく)の火がゆれる通路にも室内にも、約六十名の重傷者が、足の踏み場もないほど寝かせてあって、血のにおいが充満していた。軍医長の城戸少尉が、中央のひときわ蠟燭を明るくした場所で、ほうたいを巻いていたが、私が入っていくのを認めると、

「航海長、私がいそがしいと、やっぱりいけんでしょう」

と手を動かしながら言った。

私は、味方と連絡のとれない場合は、高波を自沈させるという司令の肚(はら)を知っていたので、軍医長に、駄目な重傷者の手当てはやめろ、と言おうとしたが、汗を流している彼の懸命な働きぶりを見るとそれが言えなくなってしまった。

右舷の航海長私室の前の通路には、艦長が寝かせてあった。福村二等衛生兵曹が服を鋏(はさみ)で切って傷口を調べていた。右胸部が弾片でえぐられている。そして右の腕

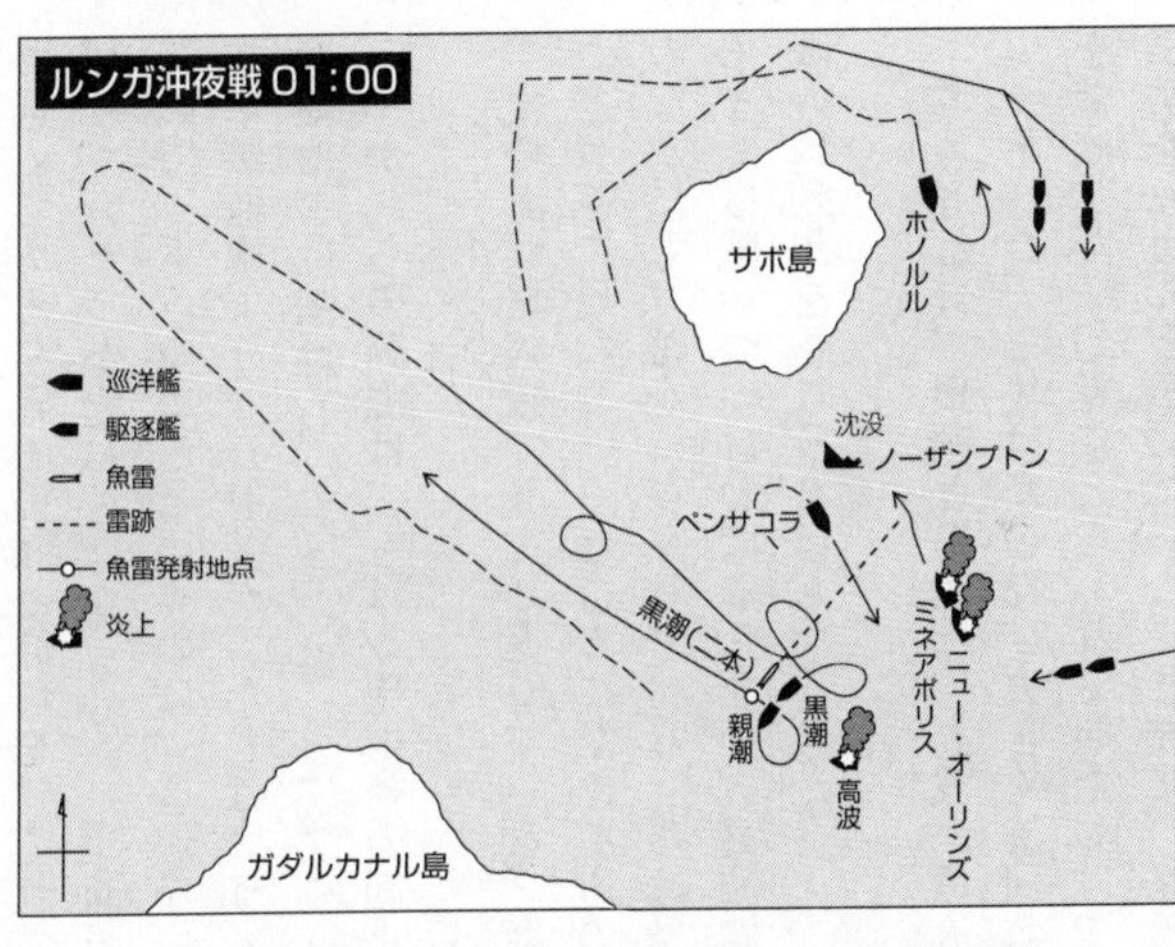

がない。「艦長」と私が呼ぶと、「ウム」と答えるが意識はすでにない。「味方は勝ったのですよ」と耳に口を寄せていうと、また「ウム」と答えるが、もう駄目なことはあきらかであった。

私は私室に入って、一昨日ショートランドで従兵が酒保から買ってきてくれたサントリー・ウイスキーの封を切って左の手に受けると、それで艦長のやや薄くなった頭を濡らしてあげた。小倉艦長は酒が好きだった。

後部電信室は完全にやられていて、電信機の型をなしているものはなかった。また、第一、第二、第三缶室、前後機械室ともに全滅していた。

三番砲塔にきてみると、まだ手や足の不自由な砲員たちがとりついていて、弾の込めてある左砲の旋回と仰角を、それでも何とかなるのではないかとあくまでも試みていた。かたわらに立っていた江間砲術長が、「弾火薬庫の注水も終わっているので、もうやめろというのに、きかないのです」と目をこすっている。この砲は砲撃が他砲より一斉射多かったとはいうものの六斉射したにすぎなかった。あれだけ朝に夕に訓練し、磨きに磨いた砲を、砲身が焼けるまで撃ちたかったに違いない。かれらの闘魂は、もはや砲術長の制止などきかなくなっていた』

夜の海は無気味に静まり返っている。戦場のすさまじさは弾丸がとび交い、人がつぎつぎに死んでいくところにだけあるのではなかった。静かに死を待つ恐ろしさのなかにも、確かに存在している。死は恐らく不可避であろう。だが、それが訪れるまでは戦いつづけねばならない。高波艦上にある将兵は、だれもがこの絶望的な戦いに幻想を抱こうとはしなかった。

零時五〇分、親潮と黒潮は、高波が漂流していると思われる海面に徐々に近づきつつあった。二隻はたびたび大きく旋回しては、高波を求め、あるいは敵艦の存在を警戒した。幻覚にとらわれていたわけではない。数十分前の戦闘は、敵の兵力や態勢をほとんど摑めていないままに、果敢にしかも迅速に戦われたのである。かれらは確かに魚雷の命中音を聞き、敵艦の炎上するのを見た。しかし、再び戦場に引き返してきた親潮と黒潮には、なお敵の大部隊がこの海域に残存して、隙間なく警戒の網を張っていると見るのが、むしろ至当というべきであろう。

親潮の航海士・重本少尉に、敵地に突入する緊張で、全艦がぴーんとはりつめているさまが、ひしひしとして伝わってきた。羅針盤についている航海長・久保田大尉のすぐ後ろに立って、若い少尉は背を丸めていた。徒手空拳、ぬき足さし足で戦場に再突入する駆逐艦、魚雷をもたぬことに対する悲しいほどの無力感が、押し殺そうとする気持ちの下から頭をのぞかせるのである。

水気をふくんだ風が冷たかった。暗い海の黒い水平線に、少尉は瞳をこらした。敵の戦艦か巡洋艦が不意の一撃を加えさえすれば、労せずしてわが艦は殲滅されてしまう。駆逐艦二隻の抵抗のしようもない全滅は目に見えている。敵は水も漏らさぬ包囲網をしぼってきているのではないか。とすれば、これがこの世の見納めかと、少尉は肚をすえて、南十字星の低く傾くのを見つめるのである。

すでに反転して四十分以上も航走していた。親潮はこのとき、進行方向の暗い海面に発光信号がまたたくのを、見張員の望遠鏡によって捉えた。

「ワレタカナミ、ワレタカナミ」

このときの、まだ浮いてくれていたか、という一瞬の感動は強烈であった。しかし情感に溺れているひまはない。かれらには救助というただちに着手しなければならない任務がひかえていた。

「ワレ親潮ト黒潮、貴艦ノ救援ニキタ。貴艦ノ状況知ラセ」

三隻の駆逐艦は急速に、肩を寄せ合うようにして近づいた。

「本艦使用短艇一隻モナシ。兵員収容方タノム」

「貴艦へ横ヅケスル」

たがいの意思を確かめあう信号交換はなおもつづけられた。親潮からみた高波は、艦橋はひしゃげ、魚雷発射管はでんぐり返り、叩きつぶされた砲塔からわずかに残った砲身が苦悶の手をさしのべたように突き出ている。高波の一番煙突付近からは白煙が立ち昇っていた。重本少尉には、それがなお生きんとする意思のようにも感じられる。親潮は速力を落とした。

高波では、江田航海長を中心に、負傷者を前甲板に運ぶ作業がすすめられている。洋上の横づけは昼間でもむずかしい。しかし、人員の救出にはそれがいちばんの捷径であった。江田中尉は首から双眼鏡をかけ、戦闘服装で、艦首旗竿付近に立って、親潮、黒潮の動きをみつめた。黒潮が右舷艦尾から、二〇度の角度ですり寄ってきた。親潮からはカッターが降ろされようとしているさまが眺められた。これで助かるのか、と思ったとき、江田中尉の心のうちには、高波のような勇敢な艦を去りたくないとする衝動、そして勇戦力闘した高波のはかなさを惜しむ気持ち、そんな気持ちが複雑にまじりあって、奇妙なことに、生きられる喜びもぼんやりと空白のようなものとして感じられた。

損傷の内火艇は切り落とされたが、ダビットが破壊のため、艦外へ突き出たままとなっていた。このため黒潮は接艦しようと近づいたもののなお高波との間隔は二〇メートル余も残してしまった。両艦から綱が投げられたがとどきそうもない。黒潮艦橋からは「やり直す」とメガフォンでどなってきた。そして後進をはじめた。

こんどは親潮が艦尾から左舷に横づけしようと接近してきた。もうすぐ機関停止、惰力で横づけできる、と思われたときであった。高波の見張員が叫声を発した。

「大型艦ッ」

親潮でも見張員が同じ目標を発見していた。

「敵艦。駆逐艦らしい。こちらに向かってくる」

艦橋の眼は高波から離れ、いっせいに同じ方向に光った。サボ島西方海上より、敵艦の識別らしい連掲信号灯を点灯して、南下しつつある大型艦を発見した。航行不能となった高波の息の根を止めにきた、とだれもが推察した。やんぬるかな、あと十数分の時間がなかった。

「前進全速、とり舵いっぱい」

これ以上救援活動をつづけることは、共倒れになるほかはない。親潮は急ぎカッターを収容すると高波の艦尾から大きく回頭して脱出をはかる。

「敵は巡洋艦二隻、駆逐艦三隻」

と見張員のきびしい声がつづいた。すでに黒潮は高波の艦首をまわって西方に急航進をおこし、攻撃は最大の防御なりとして、残された最後の魚雷二本をやみくもに発射した。たとえ当たらなくとも、敵の陣形を攪乱し、なお戦闘力ありと誇示するだけでも十分であろう。しかし、これで字義どおり真の空拳となった。あと二隻の駆逐艦がもっている最大の武器は快速力である。それを活かしてひたすら避退をはかるほかはない。が、その速力すらも長期にわたる酷使から三二ノットが精いっぱいという悲しい実情なのである。

高波は覚悟を決めた。親潮と黒潮は闇に消え、代わりに右三〇度約三〇〇〇メートルに敵駆逐艦らしい艦影が見える。ためしにと発した味方識別信号に対しては意味不明の応信を送ってきた。清水司令は艦橋より首を出して、艦首付近に立つ江田中尉に叫んだ。

「航海長、あれは敵だ。やむを得ん、海水弁ひらけ。あと二十分」

敵の手に渡すことはできないという悲壮な号令である。江田航海長はただちに二人の伝令を後部にいる機関長のもとに走らせた。動けざる艦を沈めるときがきたのである。砲術長は所定の袋に入れた暗号書、機密書類に用意の砲弾一発ずつを入れて、海中に投じた。

同じころ、西北方のはるかに離れた海面を、三〇ノットで江風(かわかぜ)、長波、涼風(すずかぜ)がショートランドめざして驀進していた。中央スロットを行く。夜明けまでに一六〇浬圏を出ようと、残された離脱時間に全速力を上げる。江風、涼風の後甲板にはそれぞれ二〇〇個のドラム缶が出撃時と同じように、数珠つなぎのままになっている。補給任務は完全に失敗した。合戦必至と初めから決まっていれば、揚陸の陣形ではなく、純然たる戦闘隊形をとって突入できたろうにと思えば、悔いも残る。結果はばらばらの攻撃となった。田中司令官の腹の底には戦果を誇る気持ちより、各駆逐艦が、乗組員の技倆を信じ、おのれの戦闘能力や戦術力をたのみ、不利な作戦条件をもかまわず、優勢な敵に立ち向かったその闘志に対する感謝の気持ちのみがある。それに比すれば、何とおのれの無能であったことか。

しかし、遠山参謀は、勝利の「戦闘速報」を全軍に送らねばならないときがきたと考える。

『発増援部隊指揮官
宛連合艦隊司令長官
　第二艦隊司令長官
　第八艦隊司令長官
　第一一航空艦隊司令長官
　軍令部第一部長
二一一五「タサファロンガ」沖ニ於テ敵戦艦　巡洋艦　駆逐艦十数隻ト交戦　戦艦一隻撃沈　大巡一隻轟沈　駆逐艦二隻撃沈
我方高波連絡ナシ調査中
揚陸作業ヲ止メ　二二三〇「ショートランド」ニ向ケ引揚グ』

沈痛の表情はサボ島を後に、中央スロットにいそぐ親潮、黒潮の艦橋にもあった。たがいに心と力を合わせながら、ついに高波を救い得なかった。海での協同精神、船乗りの友情、それは何ものにもましてかけがえのない、と深く知るがために、無力だったおのれに対する怒りが沸き返る。しかし、翌朝の敵小型機の行動半径より脱することも、また戦士としての義務であった。国力の貧しい祖国を考えれば、みずからの艦を護りぬくことも、しなければならない至高の任務なのである。魚雷という最大の武器のない駆逐艦に何ができるというのか、と親潮の航海士・重本少尉は皮肉な心でそう思った。どこまでもどこまでも、奈落の暗さをもつ海と空、この溶け合った一線までが敵の勢力圏下にある。これは皮肉でなしに、にがい現実である。それにつけても、その敵地にむざむざ僚艦をおいてきぼりにしなくてはならなかったとは……。

海上に夜光虫が異様に輝き、艦の航跡が暗闇の海面に長く、きらきらと、いつまでも残った。二隻の駆逐艦はひたすら西へ西へと航進する。戦闘は終止符を完全に打ったのである。親潮の艦橋には、いぜんとして、ムッと押し黙った幾人かの塑像が立つ。この気持ちはショートランドまで癒されることはないであろう。

重巡ミネアポリス艦長ローゼンダール大佐は落胆しきっていた。このままでは日本艦隊によって捕獲されてしまうのではないか。出せる速力わずか三ノット。しかし、ともあれ浮いていられるのはミネアポリスだけであろうと、艦長は苦悩のうちにわずかな光を見出していた。が、それだけにホノルルと駆逐艦が救援にきたとき、「このノロマ野郎」と思わず怒声を腹の底から発するのであった。

艦首一二〇フィート、全体の五分の一を失った重巡ニュー・オーリンズの艦長ローパー大佐は、戦闘を終えてからもずっと艦橋にあった。眼の前がひらけて眺められ、すぐ眼下は逆立つ海であった。それでも駆逐艦モーリーに助けられ、重傷の重巡は五ノットでそろそろと海面を這っていた。海水のすさまじい力が、いまにも眼下の千切れた艦体の隔壁を破るのではないかと、胆を冷やしながらもツラギに向かって逃げのびようとしていた。

ペンサコラは、重傷を負ってからいちばん苦闘した重巡だったかもしれない。缶室から噴出した火が、機銃弾の誘爆を招き、消火に戦う応急員をつぎつぎになぎ倒した。甲板は火と血の海となった。弾火薬庫は注水されたが、砲塔には弾丸を残しており、三番砲塔がついに爆発した。消えようとした火が再び艦全体をおおった。駆逐艦パーキンスが接近し消火に協力したが、この重巡がやっと火を消して、よし、これで生きられる、という確信をもつことができたのは、実に十二時間後だった。

駆逐艦フレッチャーとドレイトンの必死の応援にもかかわらず、ノーザンプトンは救われそうにもなかった。傾斜はすでに二三度をこえていた。艦長キッツ大佐は一時一五分、応急員をのぞく総員に沈痛な退艦命令を発した。この艦の長い生涯がこれで終わろうとすることを、艦長は覚悟した。刻一刻、眼前にもり上がってくる暗い水面を見ながら、艦を失わねばならぬ指揮官に自分がなったことを呪った。そして何ら錯誤を犯していないはずだと、何度となく自分にいいきかせた。

ノーザンプトンは三時〇四分に沈んだ。二隻の駆逐艦は海中より七百七十三名の乗組員を引きあげた。

巻波も陽炎も、それぞれ単艦で帰路をいそいでいる。巻波乗艦の主計長・清水主計中尉は生命より大切なもの、出納簿と課目帳をもとの場所へおさめた。艦橋にあってただ傍観していた戦闘が、いまになると真夏の夜の夢とも思えてくる。どんなに立派な覚悟も結局は無駄じゃないかというのが、中尉のいつわらざる実感である。飛行機相手の白昼の戦闘と違い、敵も味方も見えない高速の夜戦は、恐怖心が生まれ、恐ろしいまでに華麗であった。それらから自分の力で身を守ることなどできることではない、と思うのである。

陽炎の水雷長・高田大尉には、きびしく制限されて撃った魚雷四本の命中を確認できなかったことが残念であった。戦闘がわけもわからずはじまり、わけもわからぬままに終わったような、もう一つふっ切れない感じをどうしても捨てきれなかった。「揚陸やめ、戦闘」の号令がきたまではよかった。その後、「集マレ」とし、戦闘隊形をととのえて突撃すべきではなかったか、と司令部へいささかの意見具申をしたい気持ちも腹の底にうずいた。いきなり「突撃セヨ」では、戦闘が中途半端になるのもやむを得なかったのではないか。それに、と闘志の大尉の追及はなおもきびしい、旗艦はやはり先頭に立つべきである。後方から指揮し、さっさと戦場から立ち去るとは……。

艦橋に爆発寸前の癇癪を押し込めながら、陽炎は夜の闇のなかに消えて行く。いまは怒ったり、地団駄を踏んだりするときではないのかもしれぬ。あるいは死者を弔い、人間同士が再び殺し合うことのないように祈りをささげるべきときでもあるのだろうか。*

*ノーザンプトン沈没のほか大破した重巡三隻は損傷修理に一年以上を要し、その後の太平洋海戦にほとんど姿を見せていない。わずかにミネアポリスが一九四四年十月二十四日夜、レイテ沖海戦スリガオ海峡の戦いにその名をとどめているのみである。ペンサコラがビキニ水爆実験に使われたのは、あるいはこの夜の損傷が、二度と生きられぬほどひどかったためでもあろうか。

高波の沈むときがきた。海水弁が開かれ海水は艦内に奔入しつつあった。前檣になお高く掲げられていた軍艦旗も降ろされた。艦はゆっくりと左に肩を落としはじめた。航海長・江田中尉は艦内を怒鳴りつつ歩いていた。

「艦尾に見えるいちばん高い山を目ざして各自の力のあらんかぎり泳げ。この戦争は長くつづくぞ。こんなことでくたばるな。陸岸まで五浬、救命胴衣は軽傷者に渡せ、航海長が先頭を泳ぐ」

途中で中尉は、駆逐隊付の川上主計中尉が主計兵に手つだわせて、大きなズックの衣嚢をもっているのに気がついた。清水主計長が聞いたら感涙にむせびそうなことを主計中尉はいった。

「考課表と二万円ほどの現金です」

「捨ててしまえ、泳ぐんだぞ」

主計中尉は「ええい、糞ッ」と、二つの衣嚢を海に投げた。いまはなによりも自分の生命を大事にせねばならないときであろう。

前甲板に寝かされていた負傷者が左舷の海にころげ落ちだした。生存者は息をつめ、石のような表情で黙ってそれを見つめた。どうしようもない。艦が傾きだしたのである。江田中尉は双眼鏡をはずして、衣類をぬいだ。そして右舷の風上にとんだ。熱帯の海は妙になまあたたかかった。このとき不意に、戦闘のはじまる直前、艦橋で、司令や艦長にならって夜食のにぎり飯に手を出さなかったことへの後悔を感じた。ガ島へ向かって泳ぎながら、暗い海面に、白いにぎり飯の残像が、右から左へ、左から右へとちらついて、消そうにも消しようがなかったことを中尉はおぼえている。

高波サボ島南約六浬に沈没す。戦死七十一名、行方不明百三十九名。司令、艦長ともに戦死。生存者准士官以上四名、下士官兵二十九名である。総員退去中に敵の魚雷が命中し、これが爆雷を誘発したという。さらに海上に流れた重油火災により、それまで生き残っていた将兵も数多く没したともいう。一時一五分であった。

20 戦訓

死は無益であったか

十二月一日一〇時三〇分、高波（たかなみ）をのぞく七隻の駆逐艦は無事ショートランドに帰投した。コバルト色の海はこの日も鏡のように静かで平らであった。

《戦訓ならびに所見》

一、知敵ハ作戦ノ先決要件ナリ、敵飛行索敵ノ広汎且ツ綿密ナルニ比シ、我ガ方ノ索敵ハナオ十全トハ称シ難ク、本夜戦ニ於テモ突如不測ノ強敵ニ直面セリ。敵ハ「ガ」島周辺ニ有力ナル支援隊ヲ配シ、ワガ進入企図ヲ偵知スルヤ急速進出シ来（きた）ルハ、第三次「ソロモン」海戦以来ノ慣用手段ニシテ、ワガ水上部隊進撃スル場合、同島周辺ノ索敵ニ関シ一段ノ考慮ヲ必要ト認ム。

二、輸送ト戦闘トハ互ニ両立シ難ク、対敵顧慮大ナル場合、指揮官ノ最モ苦慮スル所ナリ。会敵即戦闘ノ原則ハ明白ナルモ、実施ハカク簡単ニアラズ。

今次夜戦ニ於テモ先頭輸送隊ハスデニ原速力トナシ「ドラム」缶ノ固縛ヲ解キハジメタル状況ニシテ、立上リニ於テ相当ノ不利アリシヲ否定スル能(あた)ハズ。

三、本夜戦ニ於テ、敵ガワガ出鼻ヲ叩クノ挙ニ出デシハ、ワレノムシロ幸トスルトコロナリ。モシ入泊揚陸ノ虚ニ乗ジ急速侵襲シキタラバ、ソノ結果知ルベキノミ。故ニイササカナリトモ敵水上兵力存在ノ算アルニ於テハ、少クトモ一箇駆逐隊程度ノ警戒隊ハ絶対必要ナリト認ム。

四、照射ハ自艦ノ隠密性ヲ失ヒ、友隊ヲ妨害スル機会アリ。特ニ敵照明機ノ活躍下ニ於テハ、ソノ蝟集(いしゅう)ヲ招ク不利アリ。

今次夜戦ノ情況ニ於テ照射ノ可否ハ研究ノ余地アルモ、敵ノミワレヲ照明眩惑シ、ワレヨリ敵ヲ照明スルノ手段ナキニ於テハ、ソノ不利忍ブベカラザルモノアリ。駆逐艦ニ於ケル照明弾利用ノ機会少カラザルモノト認ム。今次夜戦ニ於テハ早期敵駆逐艦火災トナリ、タメニ敵背景ヲ照明セル結果、偶然敵情視察ヲ助ケタルモノナリ。

五、夜襲ハワガ海軍ノ伝統的戦法ニシテ、寡ヨク衆ヲ斃シ得ルハ幾多ノ戦例ヨクコレヲ明証ス。本夜戦ニ於テハ、ワレニ不利ナル状況ニ於テ立上リシニ拘ラズ、尚且大戦果ヲ収メ、彼我夜戦能力ニ於テ甚シキ懸隔アルヲ示セリ。「ガ」島ノ如キ局地ニ於テハ、精練ナル一箇水戦ヲ以テセバ、敵水上兵力ニ関スルカギリ、如何ナル強敵モ撃滅シ去ルノ自信ヲ得タリ。

六、敵ハワガ企図行動ヲ察知シ、アラカジメ照明機ヲ空中ニ待機セシメ、砲戦陣列ヲトトノヘ、ヨク先制砲撃ノ利ヲ収メ得タルモ、射弾ノ精度良好ナラズ。特ニ苗頭偏弾多ク、射撃術力ノ見ルベキモノナシ。或ハ吊光弾ニヨル照明ハ被照明者側ノ感ジ程有効ナラザルニアラズヤトモ推量セラル。

七、襲撃運動ノ見地ヨリ見レバ、本夜戦ハ協同オヨビ肉迫ノ要則ニ於テ、必ズシモ上乗ニアラズ。コレガ原因左ノ如シ。
(イ)敵有力部隊ノ存在ヲ予期セザリシコト
(ロ)輸送ト戦闘トノ岐路ニ於テ立上リシコト
(ハ)接敵隊形、攻撃力一斉発揮ニ最適ナラザリシコト
(ニ)敵情明確ナラザリシコト

(ホ)敵ノ有効ナル照明ナラビニ眩惑
(ヘ)敵ノ先制砲撃トソノ猛射

八、砲射ハ高波ニ於テ効果ヲ挙ゲシホカ、語ルベキモノナシ。南方戦場ニ於テハ無照射射撃必ズシモ困難ニアラザルモ、敵ノ照明眩惑裡ノ無照明射撃ハ一般ニ困難ナリ。

九、本夜戦ナラビニ既往ノ戦例ヲ見ルニ、敵ハ戦艦、巡洋艦ヲ積極的ニ活用シ、シカモワガ対敵正面ニ曝露シアルコト多シ。夜戦指導上注意スベキ点ナリ。

一〇、今次輸送ニ於テハ積荷ノ関係上艦ノ安定性ヲ考慮シ、予備魚雷ヲオロシアリシモ、魚雷ヲ発射シツクシタル駆逐艦ハ攻撃力ノ大部ヲ失フニカンガミ、軽々ニカカル処置ヲナスハ戒心ヲ要スルモノアリ。

一一、黒潮（くろしお）ニ於テ自爆魚雷三ヲ認メタリ。挺身発射スベキ魚雷ニコノ種事故ヲ断タザルハ、真ニ痛恨事ニシテスミヤカニ対策ヲ講ズルヲ要ス。尚現状ニ於テハ、作戦繁多ニシテ魚雷調整手入ノ機会ヲ得ガタク、コノ点ニ於テモ自己ノ魚雷ニ全幅ノ

信頼ヲオク能ハザル状況ニシテ、出来得レバコレガ調整保管施設ヲ前線ニ設ケル要アリト認ム

泣哭するがごとくに、駆逐艦の苦悩を訴えている。だが、真の戦訓とは、ただ一つしかない。

「かれらの死は無益であったか」

生き残ったものに常に突きつけられるこの厳粛きわまりない問い、これを真剣に考えることのほかに、どんな戦訓があるというのか。

＊夜戦には勝ったが、ガ島への補給任務は失敗した。意気揚々と帰った二水戦の将兵を迎えるものは、かならずしも賞讃の声ばかりではなかった。戦艦の一隻や二隻沈めるより、ドラム缶をとどけるべきであった、とするきびしい批判もあったという。うっ憤ばらしの、いらざる挑戦をしたという意味であろうか。

フィナーレ

その静かなる休息

A

戦闘は終わった。十一月三十日の夜だけをかぎってみれば、日本の水雷戦隊は〝勝者〟であった。しかし、それも所詮は消えんとする火の最後の一瞬の輝きにすぎなかった。日本帝国は拠点ガ島の争奪戦に敗れ、いまなだれをうって崩壊しはじめている。戦艦、重巡、空母らの主力はソロモン海を去っていった。ラバウル航空隊もまた過ぎにし栄光を失っている。奔流のようなアメリカ軍の進攻を食い止め、ときに果敢な攻撃をとることで敵を撃破し、なんとか戦勢の流れを変えようと奮戦するのは水雷戦隊のみである。ガ島のあるかぎり、駆逐艦乗りだけはこの日以後も、なおソロモン海を離れるわけにはいかなかった。水雷戦隊の将兵の気持ちは、いつでもこれで戦闘がすんだという想いからはおよそ遠く、むしろいまやっとはじまったばかりだと一様に感じている。「東京急行」の終着駅は、いぜんとして、ガダルカナル島であった。

そして現実には？　ルンガ沖夜戦の敵主力撃破は長い劇のなかのいわば〝劇中劇〟であり、主題はいぜんとして戦闘ではなく輸送であったのである。ドラム缶輸送は、いかなる困難と不利が予想されようとつづけられねばならなかった。七隻の駆逐艦は十二月一日にショートランドへ帰ったが、整備してまたすぐ出撃する。月のない夜がつづくかぎりは、沈むまで、ガ島へ行くのがかれらの任務である。それを次に示してみよう。

第二次ガ島ドラム缶輸送＝十二月三日

・参加兵力＝親潮　黒潮　陽炎　長波　巻波　江風　涼風　嵐　野分　夕暮

・結果＝揚陸成功　巻波小破す

・指揮＝二水戦司令官

第三次ガ島ドラム缶輸送＝十二月七日

・参加兵力＝親潮　黒潮　陽炎　長波　江風　涼風　有明　嵐　野分　浦風
谷風

・結果＝揚陸失敗　野分中破す

・指揮＝第一五駆逐隊司令

第四次ガ島ドラム缶輸送＝十二月十一日

・参加兵力＝親潮　黒潮　陽炎　長波　江風　涼風　谷風　浦風　嵐　照月（てるづき）　有明

・結果＝揚陸成功　旗艦照月沈没す　田中司令官負傷

・指揮＝二水戦司令官

十二月中旬からガ島近海は月明となる。やむなく輸送は中断せざるを得ないが、ガ島にいけなければ、この間を利用して、ほかのソロモン諸島やニューギニアへの補給を実施するのが駆逐艦の任務である。

第一次コロンバンガラ島およびムンダ輸送＝十二月十六日

・参加兵力＝親潮　黒潮　陽炎　長波　巻波　谷風

・結果＝揚陸成功

・指揮＝二水戦司令官

このように、かれらは休めない。生命のあるかぎり敵制空権下を行く。第二水雷戦隊の輸送作戦は一片の命令書のもとにえんえんとつづくのである。出撃すれば全速三四ノットで激しく波頭に突っ込んで全身を震わせる。戦闘旗を風になびかせ勇壮な光景とも見えたが、どの艦もどの人も歴戦難戦で疲れきっていた。旗艦巻波の艦橋で、司令官・田中頼三少将が沈痛に考え込み、やがてポツリとひとり言をもらしたのはこのころであった。

「これ以上この無謀な作戦をつづけることは許されないことだ」と。

十二月下旬、下命によって、田中頼三少将は、第二水雷戦隊司令官の任を解かれる。軍令部出仕となる。左遷と噂された。理由は上官の命令に抗したからであるという。再びはじまるであろうガ島輸送には、空軍の協同なしには、いたずらに駆逐艦を損失するばかりであるから、行くことはできないと突っ張って、ついに応諾しなかったというが、真偽はわからぬ。抗議には戦略上の妥当性があり、かつ過去の戦功から待命にもできず、さりとて命令をきかぬものは去らしめるよりほかはなかった、ともいわれる。後任は小柳冨次少将。

十二月三十日、開戦いらいの指揮官を見送る二水戦の将兵の気持ちは、複雑であったことであろう。あるものは、その茫洋とした風貌にかぎりない懐かしみを抱いていた。あるものは最前線に必要な男らしい名提督と思っていた。だが別のものたちは真ん中で指揮をとる中途半端な老将として眺めていた。いずれにせよ、ソロモン海での第二水雷戦隊の役割は、古い指揮官を失うことで終わった。いま闘志の駆逐艦群は頼りない想いを抱いてショートランド湾の広い海面に身を浮かべているのである。

ほとんど時を同じくして、東京の大本営でも陸海合同研究ガ島作戦の図上演習で、ガ島放棄を決定した。会議は十二月二十七日から二十九日まで三宅坂の参謀本部でひらかれた。演習は表面的には奪回作戦研究の形をとっていたが、本音は撤退作戦を検討しようということにあった。陸軍も海軍も自分の方からマイナス（放棄撤退）を口にすることはできない。協同研究で奪回不可能の結論が出れば、ともにメンツをつぶさずに撤退作戦が討議できる。ソロモン海では人間の血と汗と涙が鋼鉄と火薬に激突し、生命をあがなうことによって戦われていたが、東京で戦われていたのは体面とか体裁とか主導権争いとか、はっきりいえば、人間の怠慢と不誠実が戦われていたのである。

作戦は決定された。三回にわけて引き揚げる。第一、第二回は駆逐艦、第三回は大発による、時期は昭和十八年一月二十五日〜二月十日の月のないときとされた。のちに連合艦隊司令長官・山本五十六大将の決裁で、三回目も駆逐艦によるものとされた。これには長官の悲痛な決意が基礎となっている。この結果は、よくて兵力の五、六割、駆逐艦の半数は失われるであろうが、しかし、敢行しなくてはならないつらい作戦なのである、と山本大将は覚悟を決めた。

ガダルカナル島をめぐる戦いでよくぞ戦った駆逐艦を弔う意味で、撤退作戦に参加した駆逐艦の名を記しておきたい（次ページの表参照）。それとともにガ島戦で沈

ガダルカナル島撤退作戦(け号作戦)増援部隊

日時	参加駆逐艦	記事
第一次 二月一日 二十隻	巻波 江風 黒潮 舞風 白雪 文月 風雲 巻雲 夕雲 秋雲 谷風 浦風 浜風 磯風(以上エスペランス隊) 時津風 雪風 大潮 荒潮 皐月 長月(以上カミンボ隊)	巻雲沈没 巻波大破 米軍機六機撃墜 米魚雷艇四撃沈
第二次 二月四日 二十隻	江風 黒潮 白雪 朝雲 五月雨 舞風 風雲 夕雲 秋雲 谷風 浦風 浜風 磯風(以上エスペランス隊) 時津風 雪風 大潮 荒潮 皐月 長月 文月(以上カミンボ隊)	舞風中破 米軍機十機以上 撃墜
第三次 二月七日 十八隻	黒潮 白雪 朝雲 五月雨 風雲 長月 谷風 浦風 浜風 磯風 夕雲 秋雲(以上ルッセルおよびエスペランス隊) 時津風 雪風 皐月 文月 大潮 荒潮(以上カミンボ隊)	磯風中破 米軍機三機撃墜

成果：収容総員数　約一万二千六百名(ガ島)、三百九十名(ルッセル島)

んだすべての駆逐艦の名も。あるアメリカの戦史家は鬼気せまる言葉で述べている。

「ガダルカナルはもはや一つの地名ではなく、得もいわれぬ一種の感動にほかならない。それは絶体絶命の死闘、凶暴な夜戦、気狂いじみた補給と建設の戦い、じめじめしたジャングルでの陰惨な白兵戦、すすり泣くような砲弾、爆弾のうなり声、耳をろうせんばかりの艦砲の炸裂、日夜をおかずつづけられた胸をしめつけられる思い出、そこから生まれる一種の感動なのである。ときとしてガ島における一大記念碑を脳裏に想い描くことがある。それは花崗岩の高い塔なのだが、その表面には、この島のため生命をささげたすべての人名と、海底に眠る全艦船の名が刻み込まれているものなのである」と。

二月七日、最後の部隊がガ島から撤収したとき、乗り移る痩せおとろえた陸兵も、これを迎える駆逐艦の戦い疲れた乗組員もひとしく涙であった。「大丈夫だ。慌てなくてもいい。全員が乗り移るまではどんなことがあっても動かんから安心せよ。落ち着いて、落ち着いて……」。艦上からメガフォンで叫ぶ声を聞いたとき、日本人に生まれた幸せを陸兵たちは感じたという。駆逐艦は撤収を完了したあとも「まだ、だれか残ってはいないか」と連呼し、なお岸辺を旋回した。

陸軍の将兵は再び見ることもないであろうガ島をぼんやりと見つめていた。空には無数の星があった。上甲板で作業していた駆逐艦の乗組員は、このとき「おーい、おーい」と悲痛に叫ぶ絶叫を、泊地のジャングルの奥に聞いた。将兵は茫然と顔を見合わせた。なお生けるものが残っていたのか。それとも戦死八千名、餓死一万一千名の日本兵の魂が呼んでいるのか。

「英霊二万ノ加護ニヨリ無事撤収ス」

深夜、サボ島をすぎ、電報が旗艦白雪から発せられて、ガダルカナルの戦いは終わった。

　椰子の葉しげる飛行場
　きょうの戦さの夜はふけて
　かえらぬ友を偲びつつ
　仰ぐは南十字星

作者未詳の「ガ島の歌」を、八〇〇メートルの海の底に、帰らざる十三隻の駆逐艦の乗組員も聞いていたことであろう。

沈没せる駆逐艦＝睦月（むつき）、朝霧（あさぎり）、夏雲（なつぐも）、吹雪（ふぶき）、叢雲（むらくも）、暁（あかつき）、夕立（ゆうだち）、綾波（あやなみ）、早潮（はやしお）、高波（たかなみ）、照月、羽風（はかぜ）、巻雲。

B

亡き伊藤正徳（まさのり）氏は書いている。

「連合艦隊の最後は、哀れという文字の代表であった。その敗北は、惨憺という表現の極致であった」と。

ルンガ沖夜戦の栄光の駆逐艦の、つぎには悲惨を語らねばならぬときがきたようである。立派な造艦技術も、酸素魚雷も、猛訓練も、優れた兵術も、そして何より大切な人間の生命が、すべて海の底に沈んだ。対米戦争に勝算なしと知りながら遂に「ノウ」といえるだけの高い見識と真の勇気もなく、無謀な戦争にひきずられた日本海軍の、たどらねばならなかった悲しい道であったのか。

第一五駆逐隊の、ソロモン海のほとんどで行をともにした親潮、黒潮、陽炎の三艦は、そのソロモンの蒼い海の底に時を同じくして沈んだ。ルンガ沖夜戦から半歳もたたぬ昭和十八年五月八日のことである。ガ島撤退後も、ソロモン諸島の北西方のコロンバンガラ島、ニュージョージア島のムンダの飛行場や基地の強化はつづけられ、その輸送作戦に駆逐艦は働いていた。アメリカ軍の海空からの攻撃は日ましに強化され、そしてこれが最後の輸送になると予想された作戦の帰途、三艦は敵潜水艦が敷設した機雷原に不運にも突入してしまったのである。

親潮の重本少尉はこの前後に奇妙なことに気づいたことをおぼえている。艦内に、つながるようにして巣くっていたたくさんの油虫が突然いなくなったことである。将兵のうちには、それに気づいたものもあった。人の嫌がる油虫やネズミを、生命を賭けた苛酷な戦場においては、同胞の一員とも思い、親しみを感じ、愛嬌のある小動物として飼育していたものがいたからである。机の抽出しをあけたとき、てかてかとした油虫が一匹も発見できなかったことに、少尉は取り残されたような淋しさを感じたというのである。

この日、揚陸任務も無事終了し、ショートランドに戻ろうと、駆逐隊はファガッソン水道に針路を向け、訪れてくる南海の夜明けを迎えようとしていた。そのとき、親潮は機械室後方にはげしい衝撃を受けたのである。電信室で休んでいた重本少尉が艦橋にかけ上ったときには、もう親潮は後甲板を水面すれすれにまで沈め、濛々と黒煙を機械室あたりから吐き上げていた。航行も通信も不能。主砲も手動によるほかはない。すぐ沈む恐れはないにしても、万事休した状態となった。

これを見た陽炎艦橋は殺気だった。艦長・有本中佐はとっさに潜水艦の攻撃によるものと判断した。「爆雷戦」の号令に、水雷長・高田大尉は投下準備をすすめた。潜水艦の所在はまったく不明であったが、遮二無二投下するのである。威嚇し、この追いつめられた危険から脱することが先決である。陽炎は疾駆しつつ、滑走輪に三、投射機に四、投下機に二、それぞれ爆雷はつづけさまに落とされて静かな海面を噴火させ、そして危険な状勢を好転させせようとした。

しかし、ほとんど時間的な経過はない。陽炎もはげしい衝撃を受け停止した。高田大尉の記憶はこの瞬間には失われていた。気がついたときは、艦橋に横転し、帽子のとんだ後頭部がずきずきと痛んだのをおぼえている。そっとなでさすった手に真っ赤な血がついた。艦は完全に停止している。明らかに下からの爆発で吹き上げられていた。これは機雷だ、と大尉は興奮のうちに思った。

停止した親潮にも陽炎にもそれほど絶望の色はなかった。すぐに沈没の気配はなかったし、島影はすぐそこにあり、それに何よりも黒潮がなお健在で、海面を大きく旋回しながら、爆雷の威嚇射撃をつづけているのが頼りになった。元気な僚艦を見ることは、危険海域に漂流する駆逐艦の将兵にとっては、何よりも心強くはげみとなることであったが……。

その黒潮がいちばん悲惨な衝撃を受けた。親潮の重本少尉には、天に冲した火柱が消えたとき駆逐艦黒潮の細長い船体が三つに折れたように、眺められた。あっという間もなかった、黒潮は轟沈した。親潮、陽炎の生存者が愕然と見まもるなかで、二、三分後には姿を消し、あとにはおびただしい浮遊物が浮かぶのみとなった。生き残った乗組員が泳いでいるのであろうか、水面がわずかにしぶいているのが望見された。

大破しつつも、なお浮いている親潮と陽炎の方が、幸運であったというべきなのか。戦場にあっては、あるいは早く沈んだ方が幸運と考えた方がよかったか。艦への愛着をはなれて客観的に判断すれば親潮も陽炎も沈んでいると答えねばならなかったが。その半死の駆逐艦に、数時間後、敵機は容赦ない攻撃をなお加えてきた。数十機がいくつもの波にわかれ、動けざる艦を見くびるかのようにゆっくり旋回し、そして訓練のつもりもあろうか、悠々たる正面攻撃を加えてくる。親潮も陽炎も最後まで奮戦をした。機銃は頑強に抵抗し、主砲も射撃方向も射撃速度もままならないまま、繰り返して火を吐いた。撃つことで挫けそうになる気を奮い立たせた。

一八時一七分、真珠湾攻撃作戦参加いらい戦火のなかをくぐりぬけてきた陽炎は、戦い疲れたように、火も煙も吐かずゆっくりと沈んでいった。親潮も前後して海面からひっそりと姿を消した。近くの無人島にカッターで、あるいは泳いで渡った将兵は、疲労と乗艦沈没の悲哀でむっつりと押し黙っていた。上陸四日にして助け出されるまで、三隻の駆逐艦の生存者のロビンソン・クルーソーぶりもまた一篇の物語になる。かれらは名も知らぬ南海の孤島で、戦争について、運命について、生と死について多く考えたという。

親潮の戦死九十一名、黒潮八十三名、そして陽炎は十八名という数字が残されている。

C

駆逐艦江風が沈んだのは、さらに三カ月後の八月六日夜である。八月上旬、ニュージョージア島のムンダ基地がアメリカ軍に奪われ、コロンバンガラ島の風雲はいよいよ急となり、第八方面軍司令官・今村均大将はこの島に陸軍兵力を増派することを決め、駆逐艦萩風、嵐、江風、時雨の四隻がその輸送の任に当たった。事前にこれを知ったアメリカ海軍はひそかに待ち受けた。

二三時四〇分、ムースブラッガー中佐指揮の駆逐艦六隻はレーダーによっていち早く日本艦隊の進撃をとらえると、躊躇することなしに雷撃戦に移った。日本艦隊がそれと気づいたときにはすでに魚雷が命中していた。三番艦江風の艦橋付近、中部水線付近にどす黒い真紅の焔が吹き上がるのが、四番艦時雨から手にとるように望見された。時雨がとっさに右に回頭したとき、その艦首二〇メートル、一〇メートル、さらに艦首すれすれに三本の無気味な青白い尾が、左から右へと飛ぶように走り去ったのを認めた。四隻のうち無事であったのは時雨だけである。

「ワレ魚雷ヲウク」

江風が発したただ一電を時雨が記録簿にとどめている。アメリカ駆逐艦の砲術長ウィンスロウ大尉はこう描出する。

「魚雷を撃つとすぐ各艦とも猛烈な砲撃をはじめた。一隻が燃えはじめた。もう一隻は、砲撃を受けると、たちまち沈んでしまった。魚雷が弾火薬庫に命中していたのだろう。レーダーからも消えてしまった」

それが江風だったのか。上と下から攻撃を受け、反撃の機会もなく、転覆して江風は息を絶えた。南緯七度五〇分、東経一五六度四七分とアメリカ軍の記録は伝えている。戦死百六十九名である。

ルンガ沖夜戦時の艦長・若林中佐は十七年十二月二日に、水雷長・溝口大尉は十八年五月にそれぞれ退艦しており、ベラ湾夜戦における江風の死を淋しい想いで聞いたのは、ともに日本内地で、ソロモン海で疲れはてた身体を休めているときである。十八年夏、日本は奇妙な戦勝気分のなかにまだ浮かれていたという。

D

ガ島の堤防が崩壊してから、濁流の一時に奔流する勢いにも似て、ソロモン諸島の島々の防備線はつぎつぎに破られ、ついにラバウルは孤立しようとした。昭和十八年九月三十日、大本営は、ブーゲンビル島だけはラバウルのもっとも有力な前哨地区であり、かつ敵の進攻阻止のためにも、あくまでも保持せねばならないと決定した。そして十月下旬、山本長官戦死（四月十八日）のあとをついだ連合艦隊司令長官・古賀峯一（みねいち）大将はラバウルに母艦機を進出させ、連日にわたって一大航空作戦を展開した。いわゆる「ろ号作戦」である。同時に海上部隊も補給に輸送に、また敵輸送船団撃滅をめざして出撃した。

この一連のブーゲンビル島作戦における水上戦闘が十一月二十四日から二十五日にかけての夜間に起こったのである。日本部隊はラバウルから九百二十人の陸兵をブーゲンビル西北端ブカ島に揚陸させ、逆に航空要員二百名を乗せて帰途についた駆逐艦大波（おおなみ）、巻波、天霧（あまぎり）、夕霧（ゆうぎり）、卯月（うづき）の五隻。久しぶりの「東京急行」を迎え撃とうとアメリカ部隊も、駆逐艦五隻の対等の兵力を進出させた。

二十五日一時四分、アメリカ駆逐艦のレーダーが一万九〇〇〇メートルで目標を捕捉した。視界きわめて悪く、スコールまじりの海面を、日本部隊は二隻と三隻の二群にわかれ、待ち伏せるアメリカ駆逐艦部隊に気づかず、速力二三ノットで近づいていった。アメリカ部隊が先手をとった。それは「駆逐艦士官の夢が実現したような理想的な奇襲攻撃だった」（駆逐艦オズボーン戦闘詳報より）という。

巻波は先頭を行く二隻のうちの二番艦であった。先頭の司令駆逐艦大波とともに夜空に大火柱を何本も上げ、歴戦の駆逐艦は悲惨な最期をとげた。戦死は艦長以下二百二十一名、ほとんど全員である。機関長・前田大尉が懸命に猛訓練した応急処置も、このときはついに発揮できなかったと思われる。前田大尉も駆逐隊生計長・清水主計中尉も、第一次ガ島撤退作戦時に巻波が大破し（二七五ページの表参照）、舞鶴に帰投、修理中に異動となり退艦していた。「このときに艦を降りたもののほかは、巻波の生き残りはほとんどいないといっていい。恐らく下士官兵を合わせても十人といないのではないかと思う」と前田大尉は淋しそうに回想する。

ルンガ沖夜戦いらいまだ一年の暦日を数えぬままに、すでに高波をふくめ六隻の駆逐艦がソロモン海で沈んだ。残るは涼風と長波の二隻のみとなった。

E

昭和十九年、戦場は中部太平洋へと移った。アメリカ軍の〝東京への道〟は雄大な工業力を背景に、一方ではニューギニアからソロモン群島づたいにフィリピンというこれまでのマッカーサーの陸軍の構想と、他の一方で中部太平洋のギルバート諸島、マーシャル諸島、カロリン諸島を順に攻めのぼるというニミッツの海軍の新構想とを合わせて、強力に押しひらかれていった。その第一歩がギルバート諸島のタラワ、マキンへの上陸であった（昭和十八年十一月二十一日）。ソロモン方面にばかり眼を向けていた日本の大本営も連合艦隊もあわてた。戦略の根本的建て直しをせまられる。なぜなら、日本の最後の防衛線である中部太平洋の島々は空洞であったからである。これらの島々をいそぎ要塞とせねばならなくなった。

日本軍の補給と、アメリカ機動艦隊の攻撃予定日の、寸刻をあらそう競争になった。アメリカ軍は二月一日よりマーシャル諸島メジェロ、クェゼリンなどの上陸を企図し、そしてそれに先立って、潜水艦部隊をトラック島を中心とするカロリン諸島一帯にばらまき、日本艦隊の動静偵察ならびに徹底的な通商破壊戦をもくろん

艦型	就役数	沈没数	残存艦名
睦月型	12	12	
吹雪型	23	21	潮、響
初春型	16	16	
朝潮型	10	10	
陽炎型	18	17	雪風
夕雲型	20	20	
秋月型	12	6	涼月、冬月、春月、宵月、夏月、花月
島風型	1	1	
合計	112	103	9

だ。潜水部隊はトラック島周辺を網の目のようにおおった。レーダーは日ましに性能の優秀さを加えた。日本の駆逐艦も水中聴音機や探信儀を備えたが、開発早々で、能力は不十分きわまりなく、自分の艦のスクリュー音や摩擦音に邪魔され、速力を上げればほとんど用をなさなかった。そのため不意をつかれ、つぎつぎに憤死しなければならなかった。

潜水艦パーミット、スキップジャック、ガードフィッシュの三隻がそれぞれ、トラック島の北、東、南の三つの水道の沖合を監視しつつ哨戒していたのは、十九年初頭からである。一月二十五日夜、東水道を闇にかくれるようにして出港してくる怪しい艦影をスキップジャック艦長モランフィ中佐が発見した。潜水艦は目標の進路方向に待ち伏せて魚雷発射の機会を狙った。艦影はなにも知らないらしく、真っすぐにアメリカ潜水艦の射点へと近づいてきた。

駆逐艦涼風の最後はすべてが闇のなかに消えてしまっている。スキップジャックは魚雷の命中音を聞いたがそれ以上の詳しい報告はなされていない。涼風もまた無言のうちに沈んだ。戦死二百三十一名。これは全員であった。トラック島より内地へ帰る便乗の上等水兵一名が後に救助されたと記録がわずかに告げている。

F

昭和十九年も末になった。「皇国ノ興廃コノ一戦」に賭けた六月のマリアナ沖海戦（あ号作戦）、十月のレイテ沖海戦（捷一号作戦）において、日本海軍の各艦艇は夏の虫の火に入るがごとく突入して潰えた。駆逐艦百十一隻を擁して太平洋戦争に突入し、昭和十九年上半期までに建造された新鋭艦三十一隻を加えれば、駆逐艦は百四十二隻の多きを数えた。しかし、十九年上半期までに実に八十隻が失われ、二十隻余が重傷の身を工廠に横たえていた。海に浮かぶのはやがてまた海に沈むためなのであろうか。特型駆逐艦の睦月型以後の第一線駆逐艦がいかによく戦ったかは、二八七ページの表の示すように、終戦時の残存数で検してみればより明らかとなろう。

長波の最後を語るときがきた。あ号作戦にも捷一号作戦にも残されたルンガ沖夜戦の最後の一艦・長波にはレイテ沖海戦敗北のあとに、最後の試練が待ち受けていた。昭和十九年十一月下旬、フィリピンのレイテ島の裏側オルモック湾、そこが長波の墓場となった。

レイテ島に米軍上陸とともに、ガダルカナルの戦いの二の舞いをせぬためにも、日本軍は一刻も早く大兵力を送り込んで、米軍陣地が固く築かれぬうちに敵を追い落とそうと最後の力をふりしぼった。付近の島々から陸軍部隊二個師団以上を、海軍艦艇によって輸送しようという強引な作戦を敢行したのである。しかし、日米の力のバランスはもはや比較にならなくなっている。味方航空機の援護は絶望であり、敵機と潜水艦の自由に跳梁する海面を強行突破しようというのである。すでに力の限界を超えていた。成功はおろか、生きのびる期待すらもつことはできなかった。

しかし、作戦は個人の感情をかえりみるいとまもなく強行された。将兵は黙々と、そして倉皇（そうこう）として出撃準備にかかる。いかにデスペレイトな戦いであろうと、駆逐艦乗りは忠実に、そして泰然と荒海にのり出していく。豪快さなどかけらもなく、栄光もない。どこまでつづく死の行進。多くの人間が血を流した戦争という残酷な歴史の上を、いままた敗残の部隊がよろめきながら一かたまりとなって進んでいく。このうえ、歴史に何を書き加えようというのか。悲惨をか。徒労と犠牲をか。憤怒をか。あるいはまた、人間の愚劣をか。

十一月十一日、長波は、二水戦司令官・早川幹夫少将の指揮のもとに、駆逐艦島風（旗艦）、浜波、朝霜、若月、駆潜艇一、掃海艇一とともに、陸兵二千二百名を乗せた輸送船五隻を護り、オルモック湾に入った。待つまでもなくレイテ島の山の向こうから大爆音が聞こえてきた。息苦しいような時間が静かに経過していった。檣頭の戦闘旗がはためく。戦闘の幕あきは常に同じようであった。午前一〇時、長波艦長・飛田清中佐の「対空戦闘」の号令はいつもの落ち着きと鋭さをもっていた。

アメリカの戦史家サミュエル・モリソン教授はその著『第二次世界大戦海軍作戦史』に、このときの戦闘を簡単に記述する。

「午前六時、シャーマン少将指揮の機動部隊はサン・ベルナルジノ海峡二〇〇浬沖にあり、偵察機を発進させた。この機の日本部隊発見報告とともに、四五分以内に三百四十七機の攻撃機を発進させた。オルモックの約一浬沖で攻撃は開始され、まず輸送船が残らず沈められた。第二波は、約二十五から三十機の敵航空機の反撃を受けたが、うち十六機を撃墜、そして爆撃を開始し四隻の駆逐艦を撃沈した。浜波、長波、島風と若月である。アメリカ軍はわずか七機を失ったのみであった」と。

三百五十機といえば、真珠湾攻撃の日本機動部隊の攻撃機より、わずかに十機足らない大編隊である。駆逐艦五隻の力だけでどれだけ堪えようというのであろうか。しかも狭い細長い入り江であった。いまにも泣き出しそうな空であったという。長波の戦死者二百五十八名はいま静かな眠りについた。

付表　駆逐艦作戦年表

●高波（たかなみ）

年月日	主要戦歴	記事
17・8・31	竣工	・第三一駆逐隊に編入（二水戦）
10・10〜11・30	ガダルカナル作戦	・沈没までにガ島輸送三回 ・南太平洋海戦参加（10・26） ・飛行機一機撃墜
11・30	ルンガ沖夜戦にて沈没（12・1）	・南緯九度一五分、東経一五九度七〇分

●陽炎（かげろう）

年月日	主要戦歴	記事
14・11・6	竣工	・第一八駆逐隊に編入（二水戦）
16・11・18〜12・24	ハワイ攻撃作戦	・機動部隊護衛警戒隊（一水戦の指揮を受く） ・潜水艦一隻撃沈

年月日	作戦	備考
17・1・8〜31	ビスマルク諸島攻略作戦	
3・26〜4・10	インド洋（セイロン島方面）作戦	
5・20〜6・14	ミッドウェイ海戦	・二水戦に復帰、船団護衛
7・20	アリューシャン輸送護衛	・第一五駆逐隊に編入
8・11〜11・14	ガダルカナル作戦	・この間ガ島輸送十三回 ・駆逐艦一隻撃沈（9・8） ・第三次ソロモン海戦参加（11・14）
15〜22	ニューギニア（ブナ）揚陸作戦	
30	ルンガ沖夜戦	
12・3〜12	ガダルカナル輸送作戦	・この間ドラム缶輸送三回
13〜29	ムンダ基地揚陸作戦	・戦死一名（12・16）
18・1・31〜2・9	ガダルカナル撤退作戦支援	

年月日	主要戦歴	記事
4・27〜5・8	ムンダ基地輸送作戦	・輸送三回
5・8	クラ湾にて沈没	

●黒潮（くろしお）

年月日	主要戦歴	記事
15・1・27	竣工	・第一五駆逐隊に編入（二水戦）
16・12・8〜13	第四急襲隊支援	
14〜17・1・3	ダバオ、ホロ島攻略作戦	・潜水艦二隻撃沈確実（12・12、12・19）
4〜2・15	セレベス島攻略作戦	
16〜25	チモール島攻略作戦	
26〜3・14	ジャワ南方機動作戦	・英掃海艇一隻撃沈（3・15）

年月日	作戦	備考
4・22〜5・9	カガヤン攻略作戦	・船団護衛
21〜7・14	ミッドウェイ作戦	
15〜8・20	インド洋方面B作戦	
21〜11・15	ガダルカナル作戦	・この間ガ島輸送十回 ・飛行機撃墜一機（10・4） ・南太平洋海戦参加（10・26） ・飛行機十数機と交戦、撃墜一機 ・第三次ソロモン海戦参加（11・14）
11・15〜28	ムンダ基地揚陸作戦	・輸送二回
30	ルンガ沖夜戦	
12・3〜12	ガダルカナル輸送作戦	・ドラム缶輸送三回
13〜29	ムンダ基地輸送作戦	・輸送二回
18・1・22	レカタ輸送作戦	

〜27		
28〜31	ルッセル島攻略作戦	・戦死一名（1・28）
2・1〜21	ガダルカナル撤退作戦	・往復三回　飛行機撃墜二機　戦死六名（2・4）
4・27〜5・8	ムンダ基地輸送作戦	・輸送三回
5・8	クラ湾にて沈没	

●親潮（おやしお）

年月日	主要戦歴	記事
15・8・20	竣工	・第一五駆逐隊に編入（二水戦）
16・12・8〜17・8・20	（僚艦黒潮と同じ）	
21〜11・15	ガダルカナル作戦	・この間ガ島輸送十回 ・南太平洋海戦参加（10・26） ・第三次ソロモン海戦にて肉迫突撃し、戦艦に雷撃、命中一（11・14）

年月日	主要戦歴	記事
15〜22	ニューギニア輸送作戦	
30	ルンガ沖夜戦	
12・3〜12	ガダルカナル輸送作戦	・ドラム缶輸送三回 ・戦死一名（12・7）
13〜29	ムンダ基地揚陸作戦	・輸送二回
18・4・27〜5・8	ムンダ基地輸送作戦	・輸送三回
5・8	クラ湾にて沈没	

●江風（かわかぜ）

年月日	主要戦歴	記事
12・4・30	竣工	・第二四駆逐隊に編入（四水戦）
16・12・8〜14	レガスピー占領作戦	
17〜29	ラモン湾上陸作戦	

年月日	作戦	備考
17・1・7〜2・1	ボルネオ攻略作戦	
4〜15	マカッサル(セレベス)攻略作戦協力	
16〜19	バリ島攻略支援	
22〜3・4	スラバヤ攻略作戦	・スラバヤ沖海戦参加 ・英駆逐艦一隻撃沈
18〜5・3	パナイ島攻略作戦	
27〜6・17	アリューシャン攻略作戦	・機動部隊護衛
8・17〜11・16	ガダルカナル作戦	・この間ガ島輸送十回(二水戦に編入) ・ガ島泊地、飛行場砲撃四回 ・駆逐艦一隻撃沈(8・22) ・戦死一名(8・23) ・南太平洋海戦参加(10・26) ・至近弾にて小破(11・18)
18	ニューギニア輸送作戦	

〜20		
30	ルンガ沖夜戦	
12・3〜12	ガダルカナル輸送作戦	・飛行機二機撃墜（12・11） ・ドラム缶輸送三回
18・1・16〜23	コロンバンガラ輸送作戦	・輸送三回
26〜2・8	ガダルカナル撤退作戦	・警戒二回 ・至近弾にて小破（2・4）
9〜13	陸軍船団内地護衛	・東運丸と触衝し小破（2・9）
6・3〜7・14	内地・南洋方面輸送	・ルオット島にて潜水艦一隻撃沈（6・23）
8・1〜4	ツルブ方面作戦輸送	
8・6	コロンバンガラ輸送作戦中にベラ湾海戦にて沈没	・南緯七度五〇分、東経一五六度四七分

●巻波（まきなみ）

年月日	主要戦歴	記事
17・8・18	竣工	・第三一駆逐隊に編入（二水戦）
31〜10・9	諸訓練	
10〜11・14	ガダルカナル作戦	・この間ガ島輸送六回 ・ガ島飛行場砲撃一回 ・南太平洋海戦参加（10・26） ・飛行機二機撃墜、魚雷艇一隻撃沈（11・10） ・飛行機一機撃墜（11・14）
15〜28	ムンダ基地輸送作戦	・輸送三回
30	ルンガ沖夜戦	
12・3	ガダルカナル輸送作戦	・小破、戦死七名
18・1・12〜24	ニューギニア輸送作戦	
2・1	ガダルカナル撤退作戦	・大破、戦死三十六名（2・1）

年月日	主要戦歴	記事
〜3		・以後トラック島を経て内地へ
9・15〜10・16	上海・ラバウル間輸送作戦	
11・6〜7	トロキナ逆上陸支援	・飛行機二機撃墜（11・11）
21〜25	ブカ輸送作戦	・輸送二回
11・25	ブカ島西方にて沈没（セントジョージ岬海戦）	

●涼風（すずかぜ）

年月日	主要戦歴	記事
12・8・31	竣工	・第二四駆逐隊に編入（四水戦）
16・12・8〜17・1・27	（僚艦江風と同じ）	
2・4	敵潜水艦の雷撃をうけ中破いらい内地で補修工事	・戦死九名
8・17	ガダルカナル作戦	・この間ガ島輸送十回（二水戦編入）

〜11・16		・ガ島飛行場砲撃二回（9・12） ・飛行機一機撃墜（9・16） ・南太平洋海戦参加（10・26）
30	ルンガ沖夜戦	
12・3〜12	ガダルカナル輸送作戦	・ドラム缶輸送三回
16〜22	ユダン攻略作戦	・小破（12・22）
18・7・5	クラ湾夜戦	・巡洋艦一隻撃沈、駆逐艦一隻炎上 小破（7・6）戦死二名
8・17〜11・6	内地・ラバウル・トラック間輸送	
12・13〜19・1・24	内地・内南洋間船団護衛	
1・25	潜水艦の電撃をうけ沈没	・北緯八度五一分、東経一五七度一〇分

●長波(ながなみ)

年月日	主要戦歴	記事
17・6・30	竣工	・第三一駆逐隊に編入(二水戦)
7・1〜8・26	諸訓練	
27〜9・6	キスカ・横須賀船団護衛	
10・10〜11・14	ガダルカナル作戦	・この間ガ島輸送六回 ・魚雷艇一隻轟沈(10・13) ・ガ島飛行場砲撃(10・15) ・南太平洋海戦参加(10・26) ・小破、戦死四名(11・7)
30	ルンガ沖夜戦	
12・3〜12	ガダルカナル輸送作戦	・ドラム缶輸送三回
13〜29	ムンダ基地輸送作戦	・輸送二回
18・3・8	トラック・内地間船団護衛	

日付	事項	備考
～5・13		
14～6・2	アッツ島輸送作戦	・増援輸送一回
7・7～8・1	キスカ島撤退作戦	・突入二回
9・15～27	内地・ポナペ島輸送作戦	
10・11～13	重巡妙高・羽黒護衛	
11・1～4	ブーゲンビル方面作戦	・飛行機五機撃墜（11・1） ・飛行機二機撃墜（11・4）
6	トロキナ逆上陸支援	
11	ラバウル空襲にて被弾	・大破、航行不能 ・飛行機一機撃墜（11・11）
12・1～8	曳航されてトラックへ	
25	内地に曳航される	
19・2・10	沖波、岸波、朝霜と合同	・第三一駆逐隊改編、編成される
6・20	再び連合艦隊に合同	

月日	作戦	備考
10・1〜18	諸訓練、整備	
20〜29	レイテ沖海戦	・栗田艦隊所属
11・5〜6	マニラ空襲	
8〜11	オルモック輸送作戦（多号作戦）	・飛行機六機撃墜（11・10） ・飛行機十一機撃墜（11・11）
11・11	オルモック湾にて沈没	・北緯一〇度五〇分、東経一二四度三一分

＊記事中の戦果はかならずしも正しくはない。多くは米軍戦史と照合すれば、誤認であったといえる。しかし、戦死した乗組員はそうと信じて死んでいったのである。

あとがき

本書は、いちばん初めに、もう三十年近い以前の一九七一年（昭和四十六年）九月に、株式会社R出版より『魚雷戦・第二水雷戦隊』の題名で出版された。その後、一九八四年（昭和五十九年）五月に朝日ソノラマ文庫の航空戦史シリーズの一冊にも『ルンガ沖魚雷戦』と改題されて加えられた。つまり今回が三度目の御目見得というわけである。

当時わたくしは四十歳前後で、出版社の編集者を職業としていた。慌ただしい雑誌編集のかたわらで『レイテ沖海戦』をまとめ、本書を書いた。酒も浴びるように飲んでいたから、いまから考えるとほとんど眠ることもなく、頑張って二足の草鞋（わらじ）をはいていたようである。辛いことも平気で難儀を難儀と思わずにいられたのは、若さということのほかに、『レイテ沖海戦』の「あとがき」にも書いたが、日本に妙に少ない海洋文学を世に問うてみようとの、ひそかな野心があったからである。それ以上に本書の場合は、駆逐艦乗りの戦争中の報われない苦闘に対して、少しでも感謝の心を表したいという、やむにやまれぬ気持ちがあったからである。

最初の出版の当時、本書に登場する駆逐艦親潮の元航海士・重本俊一氏から「遺骨収集団とともに、ソロモン諸島を訪れる機会があった。その折に、コロンバンガラ島沖とガダルカナル島沖で、この本を十冊ずつ海に投じ、戦友たちの冥福と永遠の平和を祈った」旨のお手紙をいただき、涙が出るほど感動したことを思い出す。本来なら、それだけでこの本を書いたことの苦労は報われたと満足すべきことであろう。

ところが、PHP研究所の編集者が「助けると思ってこの本をもう一度出版することを許可されたい」と、いつものニコニコ顔でいう。『レイテ沖海戦』の三十年振りの再刊で、いい恥をかいたと思っているわたくしは、もうこれ以上は閉口頓首の極み、と固く断ったが、容赦してはくれなかった。ちかごろの出版社員の突撃は、わたくしがのほほんと仕事をしていた時代とは較べものにならないほどに真剣で、鬼神もこれを避く勢いをもっている。「駆逐艦乗りに捧ぐ」という一行をつけて、という巧みな誘導についに乗ることになった。

三十年前の、『公刊戦史』などの資料が出ていない当時と違って、いまは事実関係もより正確になっている。といって、自分の過去の著作を読み直す習慣をもたないわたくしには、下手なわが文章を読み直して誤りなどを正す気力はない。せっかく世に出るなら、読者の信頼に応えなければならない、不精を極め込むのはいけないとは知れど、ほかの仕事に追われ時間もない。そこで海軍史家の雨倉孝之氏に厳密な校閲をお願いすることにした。過去のものとは違って、氏のお陰で本書はぐんと正確さをました。氏に感謝の誠を捧げる、とともに、誤りを正すことができただけでも再刊されたことを嬉しく思えてならない。

最初の出版のときの「あとがき」に書いたことであるが、この本をまとめるに当たって、遠山安巳氏、重本俊一氏、高田敏夫氏、伊藤義夫氏、市来俊男氏、前田憲夫氏、清水章氏、長井一雄氏（旧姓＝若林）、溝口智司氏らが快くインタビューに応じ、当時の記憶を語ってくれた。江田高市氏には手記使用につき特にお許しを得た。すべてに厚くお礼申しあげる。あるいはすでに幽明界を異にしてしまった方もおられるであろうか。また、いまは亡き田中頼三氏に、この海戦についてくわしくお話をうかがったのも、遠い記憶となった。

左の文献を参考にした（順不同）。とくに堀元美氏の著書には、全面的に負うところが多い。駆逐艦について、これほどまとまったものはないからである。

▼公式記録

「第二水雷戦隊戦闘詳報」第一四号
「各駆逐艦主要戦歴表」

▼単行本（日本）

堀元美『駆逐艦―その技術的回顧』、伊藤正徳『連合艦隊の最後』、同『連合艦隊の栄光』、吉田俊雄『軍艦十二隻の悲劇』、同『海戦』、同『あ号作戦』、池田清『日本の海軍』、岡村治信『生と死の航跡』、須藤幸助『進撃水雷戦隊』、古波蔵保好『航跡』

▼単行本（翻訳書）
『第二次大戦米国海軍作戦年誌』『太平洋戦争秘史―米戦時指導者の回想』

▼単行本（洋書）
S. E. Morison "The Struggle for Guadalcanal"
Theodore Roscoe "U. S. Destroyer Operations in World War II"
Theodore Roscoe "U. S. Submarine Operations in World War II"
W. F. Halsey & J. Bryan III "Admiral Halsey's Story"

▼雑誌記事・手記ほか
江田高市「ルンガ沖夜戦」、大八木静雄「私が完成させた酸素魚雷の秘密」、岸本鹿子治「世界の驚異・酸素魚雷創造の裏話」、泉雅爾「日本雷撃兵器の全貌」、牧野

茂「日本駆逐艦造船論」、石橋孝夫「米条約型巡洋艦」、阿部安雄「太平洋戦争と米条約型巡洋艦」、福井静夫「駆逐艦三つの見どころ泣きどころ」、長井一雄氏、重本俊一氏、遠山安巳氏の手記。そのほか『特集文藝春秋』『世界の艦船』『丸』など。

なお、時間は原則として現地時間を採用した。日本時間との差は二時間である。また、表記は「一〇時三五分」というように記した。

一九九九年暮れ

半藤一利

解説

呉市海事歴史科学館〈大和ミュージアム〉館長　戸高一成

「黒いもの二つ、左四五度、敵駆逐艦らしい、六〇(ロクマル)」

ある日の酒席で少し酔っていた半藤さんは、口真似をしながら、この言葉を口にした。その後も何度か、聞いた記憶がある。思い入れがあったのは間違いない。

それは、駆逐艦「高波(たかなみ)」の池田上等兵曹の叫びであった（本書一九二ページ）。「高波」は夕雲(ゆうぐも)型で、陽炎(かげろう)型に続く駆逐艦の最終形であり、太平洋戦争にあって、日本海軍の水雷戦隊が率いる駆逐艦の理想形として建造されたものだった。

半藤さんは続けてこう書く。「このときの敵艦隊との距離は正確には九六〇〇メートルであった。漆黒の暗闇を通して人間の眼がレーダーより早く敵を捕捉していたとは、うそのような見事さではなかったか」と（本書一九三ページ）。

日本の駆逐艦には戦前から鍛え上げ、夜戦に自信のあった熟練のベテラン乗組員たちがこの時はまだいた。アメリカ艦隊の技術力を、それまで延々と訓練を重ねてきた日本海軍の最前線が凌駕したのである。夜戦の口火を切った「高波」からの

「叫び」こそ、このルンガ沖夜戦、いや日本海軍の全海戦においても最重要のハイライトシーンであった。

その後、アメリカ海軍のレーダーの性能は向上していくが、劣勢にある日本海軍はそうした熟達の人材を次々に失っていく。ルンガ沖夜戦は、時期的にも、日本海軍が海戦で勝てた最後のチャンスだったといえるのかもしれない。

ただ、第二水雷戦隊が夜襲魚雷戦でアメリカ艦隊を圧倒することができた理由はそれだけではない。それは日本海軍が、アメリカ海軍との兵力比から、大艦巨砲により、敵の戦艦部隊との艦隊決戦を主目的としたことにもあったはずだ。

艦艇の数で不利だった日本海軍には、最後の艦隊決戦に至るまでの前哨戦を重視し、日露戦争勝利いらいの「漸減邀撃（ぜんげんようげき）作戦」でアメリカ太平洋艦隊に勝利するというシナリオがあった。

たとえばアメリカ艦隊が根拠地のハワイから出撃した場合、まず潜水艦でその動きを偵察し位置の報告等をしつつ、機を得たなら魚雷攻撃により損傷を与える。続けて、西進するアメリカ艦隊がマーシャル諸島近海を通過する際に、潜水艦の報告をもとに配置された基地航空隊の攻撃機により雷撃する。決戦前夜の夜戦では水雷戦隊の全力攻撃により敵戦艦を攻撃する。そうして少しずつ戦力を漸減させ、その翌朝、待ち構えた主力艦隊が、戦艦部隊同士の艦隊決戦を挑み、邀撃するという作戦である。

さらに、九三式酸素魚雷という、戦艦大和の四六センチ主砲にも劣らぬ高性能魚雷の存在も大きかった。九三式酸素魚雷に関して、半藤さんの説明も抜き出してみよう。

「昭和八年、日本だけが使っていた紀元年号でいえば紀元二五九三年、待望の酸素魚雷の試作魚雷が完成された」「昭和十一年ついに雷速四十九ノット、射程二万メートル、炸薬量五〇〇キログラムという、世界一の能力を秘めた酸素魚雷が誕生」「正式兵器として採用されたのは昭和十一年からであるが、その実験開始の紀元年号にちなんで九三式魚雷と公称されることとなった」「それだけにこの九三式魚雷は駆逐艦の生命となる」（本書七七～七八ページ）……。

この酸素魚雷を搭載する駆逐艦は次第に決戦戦力としても大いに期待されるようになり、太平洋戦争においては、敵主力の撃滅も可能と思える存在にのし上がっていたのである。

＊　＊　＊

ところが駆逐艦は、艦隊決戦前夜の夜襲魚雷戦で最大の効果をあげるために、半藤さんが書くように、魚雷以外のすべての余裕と贅沢とを切り捨てていた。一面、小回りがきく存在でもあった。

それゆえ、第二水雷戦隊には、日本軍がやがて撤退を余儀なくされるガダルカナル島争奪戦（昭和十七年八月〜十八年二月）において、本来の任務とはいえない補給物資の輸送部隊としての役割が命じられていたのである（この戦いは、太平洋戦争の日米両国の戦勢を完全に逆転させるものになった）。そしてルンガ沖夜戦がおきた昭和十七年十一月三十日夜も、駆逐艦乗りたちは輸送部隊の任務遂行にあたっていたのである。

そのような状況にならざるを得なかったという時点で、日本軍の作戦は失敗であったといえよう。しかしその難局でも耐え抜き、踏ん張り、現場の自分たちの本分を爆発させることができる一瞬に、駆逐艦乗りとしての魂を燃やすことができたのが、ルンガ沖夜戦であった。この人間ドラマを、半藤さんは巧みな文章力で表現されている。

半藤さんは学生時代、東京大学のボート部で活躍した選手だったからか、駆逐艦乗りに対して憧憬の念を抱いていたようである。「波をかぶりながら走る駆逐艦乗りこそ本当の船乗りだなぁ」と言われたこともあった。実際、当の駆逐艦乗りたちもそう思っていた。時を超えて共感しあえる存在だったのである。

半藤さんが本書を執筆した当時は、まだヒアリングできる参戦者がたくさんおられた。若手指揮官として駆逐艦に乗っていた世代の証言をふんだんに取り込み、リアルなシーンを活写したところに本書の価値があるといえよう。

命を懸けて祖国のために戦った方々への敬意を表しつつも、そうした尊い命を奪い去る戦争への怒り、憎しみを、最晩年の半藤さんは直截的な表現で、また対談などで表現するようになった。ただ、こうした作家として初期に書いた戦史ドキュメントの底流にも、その非戦の思想、静かな怒りのようなものが、脈々と流れていることを読者の方々にはぜひ読み取ってもらいたいと思う。

また、巻末には八隻の駆逐艦の戦歴が一覧で示されているが、その末尾に半藤さんはこう書いている。「記事中の戦果はかならずしも正しくはない。多くは米軍戦史と照合すれば、誤認であったといえる。しかし、戦死した乗組員はそうと信じて死んでいったのである」と。

戦史を語るうえで、当時の記録と、後世に明らかにされた歴史事実は、その双方が尊重されるべきだと私は思う。そして、それぞれへの敬意をもって、使い分け、文章に表現できる力が卓越していたのが、半藤一利という作家だったのではないか。

歴史事実だけで、ノンフィクション文学は成立しない。戦いの場で得られた情報や記録は、証言者の記憶違いでなければ、後年の研究資料などで間違いとされるものであっても、当事者にとってはその場での「真実」であったはずだ。そしてその「真実」を前提として、戦争の現場ではあらゆる事が動いていたのだから。

＊　＊　＊

半藤さんが「あとがき」で最後に挙げた方々の中で、私もよく存じ上げている一人が、元海軍大尉の市来俊男氏である。実直で誠実な人柄で、開戦直前から駆逐艦「陽炎」の航海長として、ハワイ作戦、インド洋作戦、ミッドウェー海戦、さらにはキスカやソロモン方面での激烈な戦闘を第一線で戦い続けた歴戦の駆逐艦乗りだった。戦後、市来氏は「どんなに苦しい戦いでも、最後まで挽回できるという気持ちを失うことはなかった」と言われていた。私は多くのご教示をいただいたが、半藤さんも市来氏へのインタビューで、ルンガ沖夜戦の全体像を描くことができたのではないか。

また堀元美氏は、戦中の日本海軍で最後は技術中佐だったが、今でも駆逐艦に関する海軍史のスタンダードになるようなものを戦後に書かれた。歴史的な記録だけでなく、駆逐艦のその技術的背景なども書かれている。市来氏や堀氏のような先輩諸氏の戦後の活動があって、私たちは、あの悲惨な歴史を未来への教訓としてつなげることができる。

そしてルンガ沖夜戦の司令官、田中頼三氏についても少し触れておきたい。この夜戦後、田中は間もなく舞鶴警備隊司令官へと左遷されてしまう。一つには、田中が旗艦長波を単縦陣の中央に置いたことを、海軍の伝統である指揮官先頭の精神に欠けると判断されたのが原因とも言われている。

田中司令官の評価は日米間で差がある。敵国だったアメリカでの評価のほうが高かった。それは、合理的な判断を下す司令官を、日本の組織の論理で排除するという、日本海軍の人事の問題を端的に示すものであったのかもしれない。

近未来の戦争がどのようなものになるのか私にはわからないが、最前線では、戦闘するのは人間であり、機械同士が勝手に行うものではない。軍艦も駆逐艦も動かすのは人間である。同じ軍艦、駆逐艦でも、データ通りの性能がいつも発揮されるわけでなく、指令を出す艦長のキャラクターで戦況は全然違ってくる。

『海上権力史論』という名著で海軍史家として名をはせたアルフレッド・セイヤー・マハンには、『Types of Naval Officers』1902（未邦訳）という海軍士官のタイプに着目した書もあるぐらいで、個人の力量が及ぼす戦果への影響をないがしろにはできない。

南雲忠一が指揮官ならどうなるか。小沢治三郎ならどうか。角田覚治や山口多聞が指揮官であれば、「戦力が互角ならこれは壮絶な戦いになるぞ」と構える。そういう司令官のキャラクターやリーダーシップに着目し、重視していたのは、日本海軍よりアメリカ海軍のほうだったのではないか。

人材の評価や抜擢においても、アメリカ海軍のほうが、人を生かせていたように思えてならない。この戦局には向いてないと思えば、戦闘中でも異動させる。適材適所で、その作戦のみの司令官として任命し、作戦が終われば元の階級に戻す。そういう人事面でのフレキシビリティに日本軍は欠けていたのではないか。年功が階級と結びついて、戦争に勝利するという本来の目的と関係のない要素が人事を決めるうえでも多分にあったのではなかったか……。

戦史を紐解き、そこから得られる現代への教訓は、限りなくあるはずだ。

さて、最後になるが、半藤さんに名誉館長を引き受けて頂いた大和ミュージアムが、戦後八十年の節目となる二〇二五年には、開館から二十年を迎える。このために一年間ほど休館して大規模改修を行うことになったが、半藤さんのこのような力作に目を通すたびに、大和ミュージアムが次世代の方々に、戦争の悲惨さ、平和の大切さを感じて、考えてもらえる場を提供し続ける博物館であることの大切さを深く感じている。

この作品は、2000年１月にＰＨＰ研究所より刊行された（2003年７月に文庫化）。新装版の刊行にさいし、編集部にて、主に艦名の固有名詞に振り仮名を多く施す等に努めたが、図版や数値等は初版掲載時のものに拠ることを基本とした。

著者紹介

半藤一利（はんどう　かずとし）

1930年、東京生まれ。東京大学文学部卒業後、文藝春秋入社。「漫画読本」「週刊文春」「文藝春秋」編集長、専務取締役などを経て、作家。『遠い島 ガダルカナル〈新装版〉』『レイテ沖海戦〈新装版〉』（以上、PHP文庫）等、多数の著書がある。1993年、『漱石先生ぞな、もし』で第12回新田次郎文学賞、1998年刊の『ノモンハンの夏』で第7回山本七平賞、2006年、『昭和史 1926-1945』『昭和史 戦後篇 1945-1989』で第60回毎日出版文化賞特別賞、2015年には菊池寛賞を受賞。2021年1月逝去。

ＰＨＰ文庫　ルンガ沖夜戦〈新装版〉

2024年7月26日　第1版第1刷

著　者　　半藤一利
発行者　　永田貴之
発行所　　株式会社ＰＨＰ研究所
東京本部　〒135-8137　江東区豊洲5-6-52
ビジネス・教養出版部　☎03-3520-9617（編集）
普及部　☎03-3520-9630（販売）
京都本部　〒601-8411　京都市南区西九条北ノ内町11
PHP INTERFACE　https://www.php.co.jp/
組　版　　株式会社PHPエディターズ・グループ
印刷所
製本所　　TOPPANクロレ株式会社

ISBN978-4-569-90420-7